学前教育专业统编教材

幼儿园教师资格考试试用系列教材

XUEQIAN

JICHU SHUXUE 下 册

学前基础数学

主编 卢明存 戚 鹏 郭瑞英

U0323529

郑州大学出版社

郑州

图书在版编目(CIP)数据

学前基础数学. 下册/卢明存,戚鹏,郭瑞英主编. —郑州:
郑州大学出版社,2017.8
学前教育专业统编教材
ISBN 978-7-5645-4432-4

Ⅰ. ①学…　Ⅱ. ①卢…②戚…③郭…　Ⅲ. ①数学-
幼儿师范学校-教材　Ⅳ. ①O1

中国版本图书馆 CIP 数据核字(2017)第 138562 号

郑州大学出版社出版发行　　　　　　　　　邮政编码:450052
郑州市大学路 40 号　　　　　　　　　　　　发行部电话:0371-66966070
出版人:张功员
全国新华书店经销
河南安泰彩印有限公司印制
开本:787 mm×1 092 mm　1/16
印张:12.5
字数:296 千字
版次:2017 年 8 月第 1 版　　　　　　　　　印次:2017 年 8 月第 1 次印刷

书号:ISBN 978-7-5645-4432-4　　　　　定价:24.00 元
本书如有印装质量问题,请向本社调换

学前教育专业数学教材

编审委员会

下册

　　《学前基础数学》教材是根据当前学前教育专业的发展需要，尤其是幼儿园教师资格考试的要求，并结合该学科的课程标准，在充分调查研究的基础上进行编写的，分上、下两册。

　　本教材的编写目的是使学生通过学习满足对数学基础知识和基本能力的需要，使学生获得一定的数学素养，为以后从事幼儿教育工作奠定基础，同时为一部分学生继续深造奠定基础。

　　为适应学前教育专业特定的教学对象、专业目标、学制、学时要求，本教材在内容的深度、广度上考虑到学生的入学水平和接受能力，删除了难、繁、偏、旧的内容，淡化了对解题技巧的训练，强调、突出专业特色，注重基础和应用，注重启发性、探究性、适用性，重视数学思想、方法的渗透，重视知识的产生和形成过程，重视数学知识在现实生活中的应用，重视数学与其他学科间的联系，使学生在获得知识的同时，得到严谨的态度、科学的思维方法等方面的训练，培养学生的逻辑推理和信息处理能力，提升学生的数学素养，为学生成为合格的幼儿教师做好准备。

　　本教材按照自然课时分节，并结合具体的教学内容，插入了有关的数学发展史、著名数学家的故事及成就、数学名题、数学知识的实际应用、数学与其他学科的联系等与幼儿园教师资格考试相关的内容；本教材还配备了练习及探究与思考的参考答案，以方便教师备课和学生自学；每章最后都有本章的知识结构图、知识要点、方法总结及"练一练"，便于学生抓住重点、突破难点，也为教师的教学留有一定余地，为学生的提高提供一定的空间。本书加
＊的内容为选学内容。

　　由于编者水平有限，书中难免还有不当、疏漏甚至错误之处，恳请各位专家、同行和读者赐教，给予批评指正，不胜感激。

编　者

2017 年 2 月

目 录

MULU

注:加"＊"者为选学内容.

第7章

数列与数学归纳法

　　数列是初等数学的重要内容之一,它与初等数学的许多内容有着密切的联系,在科学技术与日常生活中有着广泛的应用.

　　在我国古代的数学著作中,曾对数列做过大量的研究,比如《庄子·天下篇》中就有"一尺之棰,日取其半,万世不竭"的论述,意思是说,一尺长的木棒,每天取走它的一半,永远也取不完.

　　如果把每天取走的木棒长度依次写出来,就得到一列数

$$\frac{1}{2},\frac{1}{2^2},\frac{1}{2^3},\cdots,\frac{1}{2^n},\cdots.$$

它们的和是

$$\frac{1}{2}+\frac{1}{2^2}+\frac{1}{2^3}+\cdots+\frac{1}{2^n}+\cdots.$$

　　学习了本章的知识,你就会用公式计算出这个和,并发现无论天数 n 有多么大,这个和永远小于1.

　　在本章,我们将学习数列的一些基础知识,并介绍一种证明与正整数有关的数学命题的论证方法——数学归纳法.

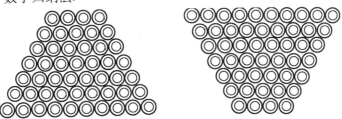

$$4+10=5+9=6+8=\cdots=10+4.$$

1

7.1 数列

7.1.1 数列及其通项公式

我们看下面的几个例子：

小于 10 的正奇数按从小到大的顺序依次排成一列数

$$1,3,5,7,9. \tag{①}$$

正整数 $1,2,3,4,\cdots$ 的倒数依次排成一列数

$$1,\frac{1}{2},\frac{1}{3},\frac{1}{4},\cdots. \tag{②}$$

小明家里有爷爷、奶奶、爸爸、妈妈和小明共五人，他们的年龄依次排成一列数

$$64,61,35,33,6. \tag{③}$$

$\sqrt{2}$ 精确到 $0.1,0.01,0.001,0.0001,\cdots$ 的不足近似值排成一列数

$$1.4,1.41,1.414,1.4142,\cdots. \tag{④}$$

-1 的 1 次幂，2 次幂，3 次幂，4 次幂，$\cdots$ 排成一列数

$$-1,1,-1,1,\cdots. \tag{⑤}$$

无穷多个 1 排成一列数

$$1,1,1,1,\cdots. \tag{⑥}$$

上面每个例子中都有一列数，每一列数都是按照一定的次序排列起来的，像这样按照一定次序排列起来的一列数叫作数列. 数列中的每一个数叫作这个数列的项. 在第 1 个位置上的数叫作数列的第 1 项（或首项），在第 2 个位置上的数叫作数列的第 2 项，$\cdots$ 在第 n 个位置上的数叫作数列的第 n 项，$\cdots$.

项数有限的数列叫作有穷数列，项数无限的数列叫作无穷数列. 例如，数列①③是有穷数列，数列②④⑤⑥是无穷数列.

如果依次用 $a_1,a_2,a_3,\cdots$ 来表示数列中的各项，数列的一般形式就可以写成

$$a_1,a_2,a_3,a_4,\cdots,a_n,\cdots.$$

其中，a_n 是数列的第 n 项，叫作数列的通项，a_n 的下标 n 叫作这一项的序号. 我们常把一般形式的数列简记作 $\{a_n\}$.

数列中的各项与它们的序号之间有下面的对应关系：

序　号	1	2	3	4	$\cdots$	n
	↓	↓	↓	↓		↓
数列的项	a_1	a_2	a_3	a_4	$\cdots$	a_n

这就是说，对于序号的每一个确定的值，数列的项都有一个确定的值与它相对应，因此，数列可以看作是一个定义域为正整数集（或它的有限子集 $\{1,2,3,\cdots,n\}$）的函数，当自变量从小到大依次取值时，相应的一系列函数值即 $a_n=f(n)$.

如果数列的第 n 项 a_n 与 n 之间的关系可以用一个公式来表示，那么这个公式就叫作

这个数列的通项公式. 数列的通项公式就是相应函数的解析式.

例如：数列①的通项公式是 $a_n = 2n-1 (n \leqslant 5, n \in \mathbf{N}^*)$；

数列②的通项公式是 $a_n = \dfrac{1}{n}$；

数列⑤的通项公式是 $a_n = (-1)^n$；

数列⑥的通项公式是 $a_n = 1$.

像数列⑥这样,各项都是同一个常数的数列叫作常数列.

 数列③有通项公式吗？

如果知道了一个数列的通项公式,那么只要依次用 $1, 2, 3, \cdots$ 代替公式中的 n,就可以求出这个数列的各项.

例 7.1 根据下面数列 $\{a_n\}$ 的通项公式,写出它的前 5 项：

$(1) a_n = n(n+3)$；$\qquad (2) a_n = (-1)^n \dfrac{n}{n+1}$.

解： (1) 在通项公式中依次取 $n = 1, 2, 3, 4, 5$,得到数列 $\{a_n\}$ 的前 5 项为
$$4, 10, 18, 28, 40;$$

(2) 在通项公式中依次取 $n = 1, 2, 3, 4, 5$,得到数列 $\{a_n\}$ 的前 5 项为
$$-\frac{1}{2}, \frac{2}{3}, -\frac{3}{4}, \frac{4}{5}, -\frac{5}{6}.$$

如果已知一个数列的前若干项,也可以通过对已知各项与其序号之间关系的分析、归纳,总结出数列的一个通项公式.

例 7.2 写出下面数列的一个通项公式,使它的前 4 项分别是下列各数：

$(1) 2, 4, 6, 8$；

$(2) \dfrac{2^2 - 1}{2}, \dfrac{3^2 - 1}{3}, \dfrac{4^2 - 1}{4}, \dfrac{5^2 - 1}{5}$；

$(3) \dfrac{1}{2}, -\dfrac{1}{4}, \dfrac{1}{8}, -\dfrac{1}{16}$.

分析： 为了推测通项公式,我们研究数列的已知各项(或每一项的某个组成部分),并把它们与序号相比较,找出相互联系的规律.

解： (1) 这个数列的前 4 项 $2, 4, 6, 8$ 分别是相应序号的 2 倍,所以它的一个通项公式是
$$a_n = 2n.$$

(2) 这个数列的前 4 项 $\dfrac{2^2 - 1}{2}, \dfrac{3^2 - 1}{3}, \dfrac{4^2 - 1}{4}, \dfrac{5^2 - 1}{5}$ 都是分式,分母都是序号加上 1,分子是分母的平方减去 1,所以它的一个通项公式是
$$a_n = \frac{(n+1)^2 - 1}{n+1}, \text{即 } a_n = \frac{n^2 + 2n}{n+1}.$$

（3）这个数列的前 4 项 $\frac{1}{2}, -\frac{1}{4}, \frac{1}{8}, -\frac{1}{16}$ 的符号是正、负相间的，分子都是 1，分母依次为 $2, 2^2, 2^3, 2^4$，是以 2 为底数、以序号为指数的幂，所以它的一个通项公式是

$$a_n = (-1)^{n-1} \frac{1}{2^n}.$$

应用赏析

巧用数字对对联

宋代大诗人苏东坡年轻时与几个学友进京考试. 他们到达试院时为时已晚，考官说："我出一联，你们若对得上，我就让你们进考场."考官的上联是：一叶孤舟，坐了二三个学子，启用四桨五帆，经过六滩七湾，历尽八颠九簸，可叹十分来迟.

苏东坡对出的下联是：十年寒窗，进了九八家书院，抛却七情六欲，苦读五经四书，考了三番两次，今日一定要中.

考官与苏东坡都将一至十这十个数字嵌入对联中，将读书人的艰辛与刻苦情况描写得淋漓尽致. 在这些对联中巧妙将两个数列：1,2,3,4,5,6,7,8,9,10 和 10,9,8,7,6,5,4,3,2,1 中的数字填了进去，生动有趣！

练习 7.1

1. 分别写出下面的数列：
(1) 20 以内的质数按从小到大的顺序构成的数列；
(2) π 精确到 $1, 0.1, 0.01, 0.001, \cdots$ 的近似值（四舍五入）构成的数列.

2. 根据下面数列 $\{a_n\}$ 的通项公式，写出它的前 5 项：

(1) $a_n = n^2 - 2n$；　　　　(2) $a_n = \sin \frac{n\pi}{2}$；

(3) $a_n = 3 \times (-1)^{n+1}$；　　(4) $a_n = \frac{2n+1}{n^2+1}$.

3. 写出数列的一个通项公式，使它的前 4 项分别是下列各数：
(1) $0, -2, -4, -6$；

(2) $\frac{2}{1}, \frac{3}{2}, \frac{4}{3}, \frac{5}{4}$；

(3) $-\sqrt[3]{1}, \sqrt[3]{2}, -\sqrt[3]{3}, \sqrt[3]{4}$；

(4) $1 - \frac{1}{2}, \frac{1}{2} - \frac{1}{3}, \frac{1}{3} - \frac{1}{4}, \frac{1}{4} - \frac{1}{5}$.

4. 观察下面数列的特点,用适当的数填空,并写出每个数列的一个通项公式:

(1) $3,6,(\quad),12,15,(\quad),21,\cdots$;

(2) $(\quad),4,9,16,(\quad),36,49,\cdots$;

(3) $1,\sqrt{2},(\quad),2,\sqrt{5},(\quad),\sqrt{7},\cdots$;

(4) $\dfrac{1}{2},\dfrac{3}{4},(\quad),\dfrac{7}{16},\dfrac{9}{32},(\quad),\dfrac{13}{128},\cdots$.

7.1.2 数列的递推公式

正奇数列 $1,3,5,7,\cdots$ 的通项公式是 $a_n=2n-1$,只要依次用 $n=1,2,3,4,\cdots$ 代替公式中的 n,就可以求出这个数列的各项,因此我们常用通项公式来给出数列.观察这个数列还容易发现,从第 2 项起,它的每一项都比前一项增加了 2,因此这个数列也可用下面的方法给出

$$a_1=1, \quad a_n=a_{n-1}+2 \quad (n\geqslant 2).$$

这就是说,由这个数列的第 1 项以及项 a_n 与 a_{n-1} 之间的关系式,也可以写出这个数列.

再如数列 $1,1,2,3,5,8,13,21,\cdots$虽然它的通项公式①不容易写出,但通过观察可以认识到它的规律,即从第 3 项起,每一项都等于与它相邻的前两项的和,即

$$a_1=1,$$
$$a_2=1,$$
$$a_n=a_{n-2}+a_{n-1} \quad (n\geqslant 3).$$

像这样,如果已知数列的第 1 项(或前几项),且任一项 a_n 与它的前一项 a_{n-1}(或前几项)间的关系可以用一个公式来表示,那么这个公式就叫作这个数列的递推公式.递推公式也是给出数列的一种方法.

例 7.3 已知数列 $\{a_n\}$ 的第 1 项是 1,以后各项由公式 $a_n=a_{n-1}+\dfrac{1}{a_{n-1}}$ 给出,写出这个数列的前 5 项.

解: $a_1=1$,

$$a_2=a_1+\frac{1}{a_1}=1+\frac{1}{1}=2,$$

$$a_3=a_2+\frac{1}{a_2}=2+\frac{1}{2}=\frac{5}{2},$$

$$a_4=a_3+\frac{1}{a_3}=\frac{5}{2}+\frac{2}{5}=\frac{29}{10},$$

$$a_5=a_4+\frac{1}{a_4}=\frac{29}{10}+\frac{10}{29}=\frac{941}{290}.$$

---

① $a_n=\dfrac{\sqrt{5}}{5}\left[\left(\dfrac{1+\sqrt{5}}{2}\right)^n-\left(\dfrac{1-\sqrt{5}}{2}\right)^n\right]$.

在数学及现代工程技术中,递推是一种常用的、非常重要的思想方法.

知识链接

斐波那契数列

斐波那契是中世纪最有才华的数学家,出生于意大利的比萨.公元 1202 年,他写了一本有关数学的书《算盘书》,在《算盘书》中记载了以他为名的"斐波那契数列":假设每一对新生的小兔子,一个月后便会长大,且每一个月都生一对小兔子.已知每次新生的一对兔子都是一雄一雌,而所有兔子都没有死去,且隔代的兔子不会互相交配.若现有一对小兔子,问一年后共有兔子多少对呢?

若将第 1 个月,第 2 个月,第 3 个月,…的兔子对数依次写下来,得到这样一个数列:

1,1,2,3,5,8,13,21,34,55,89,144,233,…

这就是斐波那契数列.其中的任一个数,都叫斐波那契数.该数列最大特点就是从第三项起,每一项是之前两项之和.

斐波那契数是大自然的一个基本模式,它出现在许多场合.如大多数植物的花,其花瓣数都恰是斐波那契数.例如,有 1 个花瓣的马蹄莲,有 2 个花瓣的虎刺梅,有 3 个花瓣的兰花,有 5 个花瓣的飞燕草,有 8 个花瓣的翠雀属植物,有 13 个花瓣的万寿菊属植物,有 21 个花瓣的紫菀属植物,雏菊属植物有 34、55 或 89 个花瓣.连续的斐波那契数会出现在松果左和右两种螺旋形走向的数目之中,会出现在树枝的生长数目中(如图).

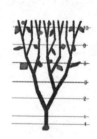

斐波那契数列组成的分数数列 $\left\{\dfrac{F_n}{F_{n+1}}\right\}$: $\dfrac{1}{1}$, $\dfrac{1}{2}$, $\dfrac{2}{3}$, $\dfrac{3}{5}$, $\dfrac{5}{8}$,… 的极限正是

$\dfrac{\sqrt{5}-1}{2} \approx 0.618$,它正是世界上最美的黄金分割数,因此斐波那契数列又称黄金分割数列.

1. 根据下面数列 $\{a_n\}$ 的递推公式,写出它的前 5 项:

(1) $a_1 = 1$, $a_n = 1 + \dfrac{1}{a_{n-1}}$ ($n \geqslant 2$);

(2) $a_1 = \dfrac{1}{2}$, $a_n = 4a_{n-1} + 1$ ($n \geqslant 2$);

(3) $a_1 = 1$, $a_2 = -2$, $a_n = a_{n-1} - a_{n-2}$ ($n \geqslant 3$).

2. 已知数列 $\{a_n\}$ 的递推公式: $a_1 = \dfrac{1}{8}$, $a_n = \dfrac{a_{n-1}}{2a_{n-1} + 1}$ ($n \geqslant 2$),写出数列的前 4 项,并猜想它的通项公式.

7.2　等差数列及其通项公式、前 n 项的和

7.2.1　等差数列及其通项公式

观察下面的数列有什么共同特点:

2014 年 9 月份里星期日的日期为

$$7,\ 14,\ 21,\ 28.$$ ①

正奇数列

$$1,\ 3,\ 5,\ 7,\ 9,\ 11,\ \cdots.$$ ②

一个梯子共 8 级,各级的宽度依次是

$$72,\ 68,\ 64,\ 60,\ 56,\ 52,\ 48,\ 44.$$ ③

不难看出:

对于数列①,从第 2 项起,每一项与前一项的差都等于 7;

对于数列②,从第 2 项起,每一项与前一项的差都等于 2;

对于数列③,从第 2 项起,每一项与前一项的差都等于-4.

这就是说,这些数列具有这样的共同特点:从第 2 项起,每一项与前一项的差都等于同一个常数.

一般地,如果一个数列从第 2 项起,每一项与它的前一项的差都等于同一个常数,那么这个数列就叫作等差数列. 这个常数叫作等差数列的公差,公差通常用字母 d 表示.

上面的三个数列都是等差数列,它们的公差依次是 7,2,-4.

特别地,常数列,如

$$3,\ 3,\ 3,\ 3,\ \cdots,$$

是公差为 0 的等差数列.

例 7.4　已知数列 $\{a_n\}$ 的通项公式是 $a_n = -2n + 3$.

(1) 计算 $a_2 - a_1$, $a_3 - a_2$, $a_4 - a_3$;

（2）计算 $a_{n+1}-a_n$；

（3）试问这个数列是等差数列吗？

解：（1）由通项公式得

$a_2-a_1 =-2\times2+3-(-2\times1+3)=-2$,

$a_3-a_2 =-2\times3+3-(-2\times2+3)=-2$,

$a_4-a_3 =-2\times4+3-(-2\times3+3)=-2$.

（2）由通项公式得

$a_{n+1}-a_n =-2(n+1)+3-(-2n+3)=-2$.

（3）因为 n 是任意正整数，(2)的结果已说明这个数列从第 2 项起，每一项与它前一项的差都等于-2，故数列 $\{a_n\}$ 是等差数列，且公差 $d=-2$.

如果等差数列 $\{a_n\}$ 的首项是 a_1，公差是 d，那么根据等差数列的定义得到

$$a_2-a_1 =d, \ a_3-a_2 =d, \ a_4-a_3 =d, \ \cdots,$$

于是有

$$a_1 =a_1,$$
$$a_2 =a_1+d,$$
$$a_3 =a_2+d=a_1+2d,$$
$$a_4 =a_3+d=a_1+3d,$$
$$\cdots\cdots$$

由此归纳出等差数列的通项公式为

$$a_n =a_1+(n-1)d.$$

例 7.5 （1）已知等差数列的首项为 5，公差为 $\frac{2}{3}$，求这个数列的第 40 项；

（2）求等差数列 8，5，2，$\cdots$ 的第 20 项.

解：（1）由 $a_1=5, d=\frac{2}{3}, n=40$，代入等差数列的通项公式得

$$a_{40}=5+(40-1)\times\frac{2}{3}=31.$$

（2）由 $a_1=8, d=5-8=-3, n=20$，得

$$a_{20}=8+(20-1)\times(-3)=-49.$$

练习 7.3

1. 指出下面数列中哪些是等差数列，并求出这些等差数列的公差：

（1）1，1.1，1.3，1.9，2.1，$\cdots$；

（2）-2，1，4，7，10，$\cdots$；

（3）4，2，0，-2，-4，$\cdots$；

（4）$\sqrt{2}$，$\sqrt{3}$，2，$\sqrt{5}$，$\sqrt{6}$，$\cdots$.

2.（1）求等差数列 5，9，13，$\cdots$ 的第 4 项与第 10 项；

（2）求等差数列 $10,8,6,\cdots$ 的第 20 项；

（3）求等差数列 $0,-3,-6,\cdots$ 的第 $n+1$ 项.

例 7.6 已知等差数列 $-3,-7,-11,\cdots$，问 -85 是不是这个数列的项？-215 是不是这个数列的项？如果是，是第几项？

解：这个等差数列中，$a_1=-3$，$d=-7-(-3)=-4$，所以，通项公式为
$$a_n=-3-4(n-1).$$

如果 -85 是这个数列中的项，则方程
$$-85=-3-4(n-1)$$

有正整数解. 解这个方程得 $n=\dfrac{43}{2}$，不是正整数，说明 -85 不是这个数列的项.

如果 -215 是这个数列的项，则方程
$$-215=-3-4(n-1)$$

有正整数解. 解这个方程得 $n=54$，所以 -215 是这个数列的第 54 项.

例 7.7 在等差数列 $\{a_n\}$ 中，已知 $a_4=10$，$a_7=19$，求 a_1 与 d，并写出这个等差数列的通项公式.

解：由题意可知
$$\begin{cases} a_1+3d=10, \\ a_1+6d=19, \end{cases}$$

这是一个以 a_1 和 d 为未知数的二元一次方程组，解这个方程组，得
$$a_1=1,\quad d=3.$$

所以这个等差数列的通项公式是
$$a_n=1+(n-1)\times 3=3n-2.$$

例 7.8 梯子的最高一级宽 44 cm，最低一级宽 72 cm，中间还有 6 级，各级的宽度成等差数列. 求中间各级的宽度.

解：设梯子各级宽度组成的等差数列为 $\{a_n\}$，依题意知
$$a_1=44，a_8=72，n=8.$$

由等差数列的通项公式，得
$$a_8=a_1+(8-1)d,$$
即
$$72=44+7d,$$
解得
$$d=4.$$

因此
$$a_2=44+4=48，a_3=48+4=52，a_4=52+4=56,$$
$$a_5=56+4=60，a_6=60+4=64，a_7=64+4=68.$$

答：梯子中间各级的宽度从上到下依次是 $48,52,56,60,64,68$ cm.

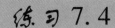

1. 在等差数列 $\{a_n\}$ 中：

(1) 已知 $d=-\dfrac{1}{3}$，$a_7=8$，求 a_1；

(2) 已知 $a_1=9$，$a_{10}=5\dfrac{2}{5}$，求 d；

(3) 已知 $a_1=-7$，$a_n=20$，$d=3$，求 n.

2. 已知等差数列 $0,-3\dfrac{1}{2},-7,\cdots$，则 -20 是这个数列中的项吗？-42 是这个数列中的项吗？如果是，是第几项？如果不是，说明理由.

3. 在等差数列 $\{a_n\}$ 中：

(1) 已知 $a_5=10$，$a_{12}=31$，求 a_1 与 d；

(2) 已知 $a_3=9$，$a_9=3$，求 a_{12}；

(3) 如果 a_n 和 a_m 是这个等差数列中的任意两项，求证公差 $d=\dfrac{a_n-a_m}{n-m}$.

4. 在 15 和 50 之间插入 4 个数，使它们同这两个数成等差数列，求这 4 个数.

5. 安装在一个公共轴上的 5 个皮带轮的直径成等差数列，其中最大与最小的皮带轮的直径分别是 216 cm 和 120 cm，求中间 3 个皮带轮的直径.

6. 在通常情况下，从地面到 10 km 的高空，高度每增加 1 km，气温将下降一个固定的数值，如果 1 km 高度的气温是 8.5 ℃，5 km 高度的气温是 -17.5 ℃，求 2 km 和 8 km 高度的气温.

7. 思考题：设数列 $\{a_n\}$ 是公差为 d 的等差数列，问：

(1) 如果将它的前 m 项去掉，剩余部分组成的新数列还是等差数列吗？

(2) 取出数列中的所有奇数项组成一新数列，这个新数列是等差数列吗？

(3) 从数列中的某一项 a_r 开始截取出若干项（不少于 3 项），得一新数列，这个新数列是等差数列吗？

(4) 把数列的前 n 项倒置过来，组成新数列 $a_n,a_{n-1},a_{n-2},\cdots,a_2,a_1$，这个新数列是等差数列吗？

以上各数列如果是等差数列，它们的首项与公差各是多少？

7.2.2　等差中项

如果在 a 与 b 中间插入一个数 A，使 a,A,b 成等差数列，那么 A 叫作 a 与 b 的等差中项.

如果 A 是 a 与 b 的等差中项，那么 $A-a=b-A$，所以

$$2A=a+b,$$

$$A=\dfrac{a+b}{2};$$

反过来，如果 $A=\dfrac{a+b}{2}$，那么 $2A=a+b$，$A-a=b-A$，即 a,A,b 成等差数列.

容易看出，在一个等差数列中，从第 2 项起，每一项（有穷数列的末项除外）都是它前一项与后一项的等差中项.

例 7.9 已知 $\{a_n\}$ 是等差数列：

（1）$2a_5=a_3+a_7$ 是否成立？$2a_5=a_1+a_9$ 是否成立？

（2）$2a_n=a_{n-2}+a_{n+2}(n>2)$ 是否成立？$2a_n=a_{n-k}+a_{n+k}(n>k>0)$ 是否成立？

解：（1）设等差数列 $\{a_n\}$ 的公差为 d，由通项公式得

$$a_3+a_7=a_1+(3-1)d+a_1+(7-1)d$$
$$=2\left[a_1+(5-1)d\right]=2a_5,$$
$$a_1+a_9=a_1+a_1+(9-1)d$$
$$=2\left[a_1+(5-1)d\right]=2a_5,$$

所以，$2a_5=a_3+a_7$ 和 $2a_5=a_1+a_9$ 都成立.

（2）由等差数列的通项公式，当 $n>2$ 时，有

$$a_{n-2}+a_{n+2}=a_1+(n-3)d+a_1+(n+1)d$$
$$=2\left[a_1+(n-1)d\right]=2a_n,$$

当 $n,k\in \mathbf{N}^*,n>k$ 时，有

$$a_{n-k}+a_{n+k}=a_1+(n-k-1)d+a_1+(n+k-1)d$$
$$=2\left[a_1+(n-1)d\right]=2a_n,$$

所以，$2a_n=a_{n-2}+a_{n+2}(n>2)$ 和 $2a_n=a_{n-k}+a_{n+k}(n>k>0)$ 都成立.

例 7.10 已知三个数成等差数列，其和为 15，首末两数的积为 9，求此数列.

解：根据等差数列的定义，可设这三个数分别为 $a-d,a,a+d$，依题意得

$$\begin{cases}(a-d)+a+(a+d)=15,\\(a-d)(a+d)=9.\end{cases}$$

解此方程组，得 $a=5,d=\pm 4$.

因此，所求数列为 $1,5,9$ 或 $9,5,1$.

练习 7.5

1. 求下列各组数的等差中项：

（1）$\dfrac{8-\sqrt{2}}{2},\dfrac{12+\sqrt{2}}{2}$；　　　（2）$(a+b)^2,(a-b)^2$.

2. 在等差数列 $\{a_n\}$ 中，若 $a_4+a_5+a_6=270$，求 a_3+a_7.

3. 三个数成等差数列，它们的和等于 18，它们的平方和等于 116，求这个等差数列.

7.2.3 等差数列的前 n 项和

知识链接

高斯的故事

高斯是德国数学家、科学家,也是近代数学奠基者之一,和阿基米德、牛顿、欧拉并列,有"数学王子"之称.

高斯在童年时就表现出了超人的数学天才.10 岁那年,数学老师要求全班同学算出以下算式:$1 + 2 + 3 + 4 + \cdots + 98 + 99 + 100 = ?$高斯仅仅用了几秒钟就将答案求出来了,而其他孩子还头昏脑涨地算不出来.在老师惊奇中,高斯解释了如何解题,原来他找到了算术级数(等差级数)的对称性,然后把数目一对对的凑在一起.$(1 + 100) + (2 + 99) + \cdots + (50 + 51) = 101 \times \dfrac{100}{2} = 5050$

求 $1 + 2 + 3 + \cdots + 100 = ?$ 的问题,事实上就是求等差数列 $1, 2, 3, \cdots, n, \cdots$ 的前 100 项和的问题.

约翰·卡尔·弗里德里希·高斯

（德国著名数学家、物理学家、天文学家、大地测量学家　1777—1855）

在实际生活中,我们常常遇到要求等差数列前 n 项和的问题.例如,如图 7.1 堆放着一堆钢管,共 7 层,最上层有 4 根,下面每一层比上一层多 1 根,求这堆钢管共有多少根?

这堆钢管自上而下各层钢管数组成一个首项 $a_1 = 4$、公差 $d = 1$ 的等差数列,求这堆钢管有多少根,就是求这个等差数列前 7 项的和.当然,逐项相加可以算出结果,但是当项数很多时,计算起来就比较麻烦,所以有必要推导等差数列前 n 项和的计算公式.

为了求出图 7.1 所示的钢管总数,我们设想,在这堆钢管的旁边,如图 7.2 那样倒放着同样的一堆钢管,由于图 7.2 所示的那堆钢管自上而下每层比上一层少 1 根,这样,当两堆钢管合在一起时,每层的钢管数都相等.即

$$4 + 10 = 5 + 9 = 6 + 8 = \cdots = 10 + 4.$$

图 7.1

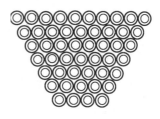

图 7.2

由于共有 7 层,两堆钢管总数应是 $(4+10) \times 7$,因此所求的钢管数就是

$$(4+10) \times 7 \div 2 = 49(根).$$

显然,上面的做法对等差数列的前 n 项和的计算具有一般性.

设等差数列 $\{a_n\}$ 的前 n 项和为 S_n,即

$$S_n = a_1 + a_2 + a_3 + \cdots + a_n.$$

根据等差数列的通项公式,上式可以写成

$$S_n = a_1 + (a_1+d) + (a_1+2d) + \cdots + [a_1+(n-1)d]. \qquad ①$$

再把各项的次序反过来,上式又可以写成

$$\begin{aligned} S_n &= a_n + a_{n-1} + a_{n-2} + \cdots + a_1 \\ &= a_n + (a_n-d) + (a_n-2d) + \cdots + [a_n-(n-1)d]. \end{aligned} \qquad ②$$

把①②两边分别相加,得

$$2S_n = \underbrace{(a_1+a_n) + (a_1+a_n) + (a_1+a_n) + \cdots + (a_1+a_n)}_{n个}$$
$$= n(a_1+a_n).$$

由此得到等差数列的前 n 项和的公式

$$S_n = \frac{n(a_1+a_n)}{2}.$$

这就是说,等差数列的前 n 项和等于首末两项的和与项数 n 的乘积的一半.

在小学数学中,我们常利用这个公式进行速算,如

$$1+2+3+\cdots+100 = (1+100) \times \frac{100}{2} = 5\ 050①.$$

因为 $a_n = a_1 + (n-1)d$,所以上面的公式又可以写成

$$S_n = na_1 + \frac{n(n-1)}{2}d.$$

例 7.11 在等差数列中:

(1)已知 $a_1 = 4, a_n = 79, n = 16$,求 S_n;

(2)已知 $a_1 = 100, d = -2, n = 50$,求 S_n.

解:(1)将已知条件代入等差数列前 n 项和公式,得

---

① 这种算法是德国数学家高斯(G. F. Gauss 公元 1777~1855 年)10 岁时提出的. 高斯是近代数学伟大的奠基者之一.

$$S_n = \frac{(4+79)\times 16}{2} = 664;$$

（2）将已知条件代入等差数列前 n 项和公式，得

$$S_n = 100 \times 50 + \frac{50(50-1)}{2}(-2) = 2\ 550.$$

例 7.12 某长跑运动员制订了一个为期 10 天的训练计划：第一天跑 5 000 m，以后每天比前一天多跑 500 m，问这名运动员 10 天一共要跑多少米？

解：依题意知，这名长跑运动员每天的训练量成等差数列，记为 $\{a_n\}$，其中 $a_1 = 5\ 000, d = 500, n = 10$，根据等差数列前 n 项和公式，得

$$S_{10} = 5\ 000 \times 10 + \frac{10(10-1)}{2} \times 500$$

$$= 72\ 500\,(m).$$

答：这名运动员 10 天共跑了 72 500 m.

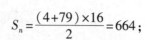

练习 7.6

1. 在等差数列中：
（1）已知 $a_1 = 5, a_n = 95, n = 10$，求 S_n；
（2）已知 $a_1 = 10, d = -3, n = 20$，求 S_n.

2. 在 1 与 15 之间插入 25 个数，使这 27 个数成等差数列，求插入的 25 个数的和.

3. 计算：
（1）$1+3+5+\cdots+(2n-1)$， $n \in \mathbf{N}^*$；
（2）$2+4+6+\cdots+2n$， $n \in \mathbf{N}^*$；
（3）$1+4+7+\cdots+(3n-2)$， $n \in \mathbf{N}^*$.

例 7.13 等差数列 $-7, -4, -1, \cdots$ 前多少项的和等于 65？

解：设这个等差数列为 $\{a_n\}$，前 n 项和为 S_n，则

$$a_1 = -7,\ d = -4 - (-7) = 3,\ S_n = 65.$$

根据等差数列前 n 项和公式，得

$$-7n + \frac{n(n-1)}{2} \times 3 = 65,$$

即

$$3n^2 - 17n - 130 = 0.$$

解这个关于 n 的一元二次方程，得

$$n_1 = 10,\ n_2 = -\frac{13}{3}\,(\text{舍去}).$$

所以，等差数列 $-7, -4, -1, \cdots$ 前 10 项的和等于 65.

例 7.14 在等差数列 $\{a_n\}$ 中，已知 $a_1 = \frac{5}{6}, d = -\frac{1}{6}, S_n = -5$，求 n 和 a_n.

解：根据等差数列前 n 项和公式，得

$$\frac{5}{6}n - \frac{1}{6} \times \frac{n(n-1)}{2} = -5.$$

整理得 $$n^2 - 11n - 60 = 0,$$

解得 $$n = 15, n = -4(舍去).$$

再由等差数列的通项公式,得

$$a_n = a_{15} = \frac{5}{6} - \frac{1}{6}(15-1) = -\frac{3}{2}.$$

所以,$n = 15$,$a_n = -\frac{3}{2}$.

例 7.15 一个等差数列前 4 项的和是 24,前 5 项的和与前 2 项的和的差是 27,求这个等差数列的通项公式.

解: 设这个等差数列为 $\{a_n\}$,公差为 d,依题意得

$$\begin{cases} S_4 = 24, \\ S_5 - S_2 = 27, \end{cases}$$

即

$$\begin{cases} 4a_1 + \frac{4 \times 3}{2}d = 24, \\ 5a_1 + \frac{5 \times 4}{2}d - (2a_1 + \frac{2 \times 1}{2}d) = 27, \end{cases}$$

整理,得

$$\begin{cases} 2a_1 + 3d = 12, \\ a_1 + 3d = 9, \end{cases}$$

解得 $$a_1 = 3, \quad d = 2.$$

所以这个等差数列的通项公式是

$$a_n = 3 + 2(n-1) = 2n+1. \ n \in \mathbf{N}^*$$

练习 7.7

1. 在等差数列 $\{a_n\}$ 中:

(1)已知 $a_1 = -12$,$S_n = 82\frac{1}{2}$,$n = 15$,求 a_n;

(2)已知 $d = 0.2$,$n = 20$,$S_n = 50$,求 a_1.

2. 等差数列 $5, 4, 3, 2, \cdots$ 前多少项的和是 -30?

3. 根据下列条件,求相应等差数列 $\{a_n\}$ 的有关未知数:

(1)$a_1 = 20$,$a_n = 54$,$S_n = 999$,求 d 与 n;

(2)$d = \frac{1}{3}$,$n = 37$,$S_n = 629$,求 a_1 与 a_n;

(3)$a_1 = \frac{3}{5}$,$d = -\frac{2}{5}$,$S_n = -23\frac{2}{5}$,求 n 与 a_n;

(4)$d = 2$,$n = 15$,$a_n = -10$,求 a_1 与 S_n.

4. 已知数列 $\{a_n\}$ 是等差数列,$S_4 = 2$,$S_9 = -6$,求它的通项公式.

例 7.16　求集合 $M=\{m\mid m=7n,n\in \mathbf{N}^*$,且 $m<100\}$ 的元素个数,并求这些元素的和.

解：由 $7n<100$ 得

$$n<\frac{100}{7}$$

即

$$n<14\frac{2}{7}.$$

由于满足上面不等式的正整数 n 共有 14 个,所以集合 M 中的元素共有 14 个,将它们从小到大列出,得

$$7,7\times2,7\times3,\cdots,7\times14,$$

即

$$7,14,21,\cdots,98.$$

这是一个 $a_1=7,a_{14}=98,n=14$ 的等差数列. 因此

$$S_{14}=\frac{14\times(7+98)}{2}=735.$$

答：集合 M 共有 14 个元素,它们的和等于 735.

例 7.17　已知数列 $\{a_n\}$ 的前 n 项和公式为 $S_n=2n^2-30n$,求它的通项公式.

解：当 $n\geqslant2$ 时,将 $n-1$ 代入前 n 项和公式,得

$$S_{n-1}=2(n-1)^2-30(n-1),$$

于是　　$a_n=S_n-S_{n-1}$

$$=2n^2-30n-2(n-1)^2+30(n-1)$$

$$=4n-32,$$

又因为 $n=1$ 时,$a_1=S_1=2-30=-28$ 也适合上式,所以这个数列的通项公式是

$$a_n=4n-32.\ n\in \mathbf{N}^*$$

练习 7.8

1. 求集合 $M=\{m\mid m=2n-1,n\in \mathbf{N}^*,m<100\}$ 的元素个数,并求这些元素的和.

2. 在小于 100 的正整数中,共有多少个数被 3 除余 2？求这些数的和.

3. 一个剧场有 20 排座位,第一排有 38 个座位,从第二排起,每排都比前一排多两个座位,这个剧场共有多少个座位？

4. 一个多边形的周长等于 158 cm,各边的长度成等差数列,最大的边长等于 44 cm,公差等于 3 cm,求多边形的边数.

5. 观察下列三角形数表,求第 n 行中各数的和.

$$1$$
$$1\quad2\quad1$$
$$1\quad2\quad3\quad2\quad1$$

$$1 \quad 2 \quad 3 \quad 4 \quad 3 \quad 2 \quad 1$$
$$\cdots\cdots$$

6. (1) 设等差数列 $\{a_n\}$ 的通项公式是 $a_n = 3n-2$, 求它的前 n 项和公式;

(2) 设等差数列 $\{a_n\}$ 的前 n 项和公式是 $S_n = 5n^2 + 3n$, 求它的通项公式.

7. (我国古代问题)有一女子善织布, 第一天织 5 尺, 以后每天比前一天都多织同样数量的布, 30 天后一共织了 9 匹 3 丈(1 匹合 4 丈, 1 丈合 10 尺), 她每天比前一天多织布多少寸(1 尺合 10 寸)[①]?

7.3 等比数列及其通项公式、前 n 项的和

7.3.1 等比数列及其通项公式

知识链接

古代智慧

我国古代数学家早就研究过等比数列的问题, 成书于公元 4 世纪左右的《孙子算经》卷下有一名题:"今有出门望见九堤, 堤九木, 木有九枝, 枝有九巢, 巢有九禽, 禽有九雏, 雏有九毛, 毛有九色, 问各几何."(提示:题中堤、木、枝、巢、禽、雏、毛、色的数目构成一个等比数列.)

观察下面的数列有什么共同特点:

$$1,2,4,8,\cdots \tag{①}$$

$$1,3,9,27,\cdots \tag{②}$$

$$1,-\frac{1}{2},\frac{1}{4},-\frac{1}{8},\cdots \tag{③}$$

我们看到:

对于数列①, 从第 2 项起, 每一项与前一项的比都等于 2;

对于数列②, 从第 2 项起, 每一项与前一项的比都等于 3;

对于数列③, 从第 2 项起, 每一项与前一项的比都等于 $-\frac{1}{2}$.

这就是说, 这些数列具有这样的共同特点:从第 2 项起, 每一项与前一项的比都等于

---

① 选自我国古代汉族数学著作《张邱建算经》, 原题是"今有女善织, 日益功疾, 初日织五尺, 今一月织九匹三丈, 问日益几何. 答曰:五寸二十九分之十五".

同一个数.

一般地,如果一个数列从第 2 项起,每一项与它的前一项的比都等于同一个数,那么这个数列就叫作等比数列. 这个共同的数叫作等比数列的公比,公比通常用字母 $q(q\neq0)$ 表示.

上面数列①②③都是等比数列,它们的公比依次是 $2,3,-\dfrac{1}{2}$.

特别地,项不为 0 的常数列,如

$$3,3,3,3,\cdots,$$

可以看成公比为 1 的等比数列.

为什么等比数列的公比 $q\neq0$? 等比数列中的项有可能等于 0 吗?

例 7.18 已知数列 $\{a_n\}$ 的通项公式是 $a_n=5\times3^n$,这个数列是等比数列吗?

解: 由数列的通项公式可得

$$a_{n+1}=5\times3^{n+1},$$

于是

$$\frac{a_{n+1}}{a_n}=\frac{5\times3^{n+1}}{5\times3^n}=3.$$

因为 n 是任意正整数,上式说明这个数列从第 2 项起,每一项与它的前一项的比都等于 3,所以这个数列是等比数列,且公比 $q=3$.

如果等比数列 $\{a_n\}$ 的公比是 q,那么根据等比数列的定义,有

$$\frac{a_2}{a_1}=q,\quad \frac{a_3}{a_2}=q,\quad \frac{a_4}{a_3}=q,\cdots,$$

于是有

$$a_1=a_1,$$
$$a_2=a_1q,$$
$$a_3=a_2q=a_1q^2,$$
$$a_4=a_3q=a_1q^3,$$
$$\cdots\cdots$$

由此得到等比数列的通项公式是

$$a_n=a_1q^{n-1}.$$

其中 a_1 与 q 均不为 0.

例 7.19 （1）求等比数列 $\sqrt{3},3,3\sqrt{3},\cdots$ 的第 10 项;

（2）在等比数列 $\{a_n\}$ 中,$a_9=\dfrac{4}{9}$,$q=-\dfrac{1}{3}$,求 a_1.

解: （1）因为 $a_1=\sqrt{3}$,$q=\dfrac{3}{\sqrt{3}}=\sqrt{3}$,$n=10$,代入等比数列的通项公式,得

$$a_{10}=\sqrt{3}\times(\sqrt{3})^{10-1}=243;$$

（2）已知 $n=9, a_n=\dfrac{4}{9}, q=-\dfrac{1}{3}$，代入等比数列的通项公式，得

$$a_1\left(-\dfrac{1}{3}\right)^{9-1}=\dfrac{4}{9},$$

所以

$$a_1=\dfrac{4}{9}\times 3^8=2\ 916.$$

思考与探究

折纸中的数学

将一张白纸对折 1 次，变成了 2 层，第 2 次对折变成了 4 层，对折 3 次变成了 8 层，……在折纸的过程中，所得纸的层数排成的数列是什么呢？当折到第 28 次的时候，纸张的总厚度是多少？（一页纸的厚度按 0.04 mm 计算）（答案见本章最后）

练习 7.9

1.求下面等比数列的第 4 项与第 5 项：

（1）5，-15，45，…；　　（2）1.2，2.4，4.8，…；

（3）$\dfrac{2}{3}, \dfrac{1}{2}, \dfrac{3}{8}, \cdots$；　　（4）$\sqrt{2}, 1, \dfrac{\sqrt{2}}{2}, \cdots$.

2.已知数列 $\{a_n\}$ 是等比数列：

（1）$a_1=1, q=-2$，求 a_{10}；

（2）$a_5=9\times 10^{-4}, q=\dfrac{1}{10}$，求 a_1；

（3）$a_1=2, a_n=256, q=2$，求 n；

（4）$a_1=0.2, a_4=-5.4$，求 q.

例 7.20　已知等比数列的第 1 项与第 3 项的和是 5，第 2 项与第 4 项的和是 10，求这个等比数列的首项和公比，并求其通项公式.

解：设这个等比数列的首项为 a_1，公比是 q，依题意得

$$\begin{cases} a_1+a_1q^2=5, & \text{①} \\ a_1q+a_1q^3=10, & \text{②} \end{cases}$$

即

$$\begin{cases} a_1(1+q^2)=5, \\ a_1q(1+q^2)=10, \end{cases}$$

两式相除,得

$$\frac{1}{q}=\frac{1}{2},$$

所以

$$q=2. \qquad ③$$

把③式代入①式,得

$$a_1=1.$$

所以这个等比数列的通项公式是

$$a_n=1\times2^{n-1}=2^{n-1} \quad n\in\mathbf{N}^*.$$

答:这个等比数列的首项是 1,公比是 2,通项公式是 $a_n=2^{n-1}, n\in\mathbf{N}^*$.

例 7.21 已知等比数列的公比为 q,第 m 项是 a_m,试求其第 n 项 a_n.

解: 由等比数列的通项公式可知

$$a_n=a_1q^{n-1},$$
$$a_m=a_1q^{m-1},$$

两式相除,得

$$\frac{a_n}{a_m}=q^{n-m},$$

所以

$$a_n=a_mq^{n-m}.$$

例 7.22 某种手表自投放市场以来,经过三次大降价,单价由原来的 174 元降到 58 元,这种手表平均降价的百分率约为多少(精确到 1%)?

解: 设平均每次降价的百分率为 x,那么每次降价后的单价是降价前的 $(1-x)$ 倍,这样,将原价及三次降价后的单价依次排列,就组成一个等比数列,把它记为 $\{a_n\}$,其中

$$a_1=174, a_4=58, n=4, q=1-x.$$

由等比数列的通项公式,得

$$58=174\times(1-x)^{4-1},$$

即

$$(1-x)^3=\frac{1}{3},$$

$$1-x=\sqrt[3]{\frac{1}{3}},$$

$$x\approx31\%.$$

答:这种手表平均每次的降价率约为 31%.

练习 7.10

1. 在等比数列 $\{a_n\}$ 中:

(1) $a_2=10, a_3=20$,求 a_1 与 a_4;

(2) $a_4=27, q=-3$,求 a_7;

(3) $a_2=18, a_4=8$,求 a_1 与 q;

（4）$a_5-a_1=15$，$a_4-a_2=6$，求 a_3.

2. 在 160 与 5 中间插入 4 个数，构成等比数列，求这 4 个数.

3. 某种细菌在培养过程中，半小时分裂一次(1 个分裂为 2 个)，经过 4 h，这种细菌由 1 个分裂成多少个？

4. 一个工厂今年生产某种机器 1 080 台，计划到后年，把产量提高到每年生产 1 920 台，如果每一年比上一年增长的百分率相同，这个百分率是多少？

5. 从盛满 20 L 纯酒精的容器里倒出 1 L，然后用水灌满，再倒出 1 L 混合溶液，用水灌满，这样继续进行，一共倒了 3 次，这时容器里还有多少纯酒精？（保留两位小数）

7.3.2 等比中项

如果在 a 与 b 中间插入一个数 G，使 a，G，b 成等比数列，那么 G 叫作 a 与 b 的等比中项. 如果 G 是 a 与 b 的等比中项，那么 $\dfrac{G}{a}=\dfrac{b}{G}$，即

$$G^2=ab,$$

因此

$$G=\pm\sqrt{ab}.$$

反过来，如果 $G=\pm\sqrt{ab}\,(ab\neq 0,G\neq 0)$，即 $G^2=ab$，那么 $\dfrac{G}{a}=\dfrac{b}{G}$，$a$，$G$，$b$ 三数成等比数列，G 是 a 与 b 的等比中项.

由 $G=\pm\sqrt{ab}$ 知，两个正数(或两个负数)的等比中项有两个，它们互为相反数.

容易看出，在一个等比数列中，从第 2 项起，每一项（有穷数列的末项除外）都是它前一项与后一项的等比中项.

例 7.23 （1）求 $7+3\sqrt{5}$ 与 $7-3\sqrt{5}$ 的等比中项；

（2）已知 b 是 a 与 c 的等比中项，且 $abc=27$，求 b.

解：（1）所求等比中项为

$$G=\pm\sqrt{(7+3\sqrt{5})(7-3\sqrt{5})}=\pm 2.$$

（2）因为 b 是 a 与 c 的等比中项，所以 $b^2=ac$，代入 $abc=27$，得

$$b^3=27,$$

所以

$$b=3.$$

例 7.24 在 4 与 12 之间插入两个数，使其前三数成等比数列，后三数成等差数列，求此两数.

解：设所求两数依次为 a，b，依题意得

$$\begin{cases} a^2=4b, & \text{①} \\ 2b=a+12, & \text{②} \end{cases}$$

②式代入①式，得

$$a^2=2(a+12),$$

即

$$a^2-2a-24=0,$$

解得 $\qquad\qquad a_1=-4,a_2=6.$

将 $a_1=-4$ 代入②式,得

$$b=4,$$

将 $a_2=6$ 代入②式,得

$$b=9,$$

所以所求的数是-4 和 4 或 6 和 9.

练习 7.11

1. 求下列各组数的等比中项:

(1) 45,80;

(2) $\dfrac{b}{a},\dfrac{a}{b}(ab\neq 0)$;

(3) $\dfrac{\sqrt{3}+\sqrt{2}}{\sqrt{3}-\sqrt{2}},\dfrac{\sqrt{3}-\sqrt{2}}{\sqrt{3}+\sqrt{2}}$;

(4) $a^4+a^2b^2,b^4+a^2b^2(ab\neq 0)$.

2. 三个数成等比数列,它们的和等于 14,它们的积等于 64,求此三数.(提示:可设等比数列三数为 $\dfrac{a}{q},a,aq$)

3. 已知 $\{a_n\}$ 是等比数列,则:

(1) $a_5^2=a_3\cdot a_7$ 是否成立? $a_5^2=a_1\cdot a_9$ 是否成立?

(2) $a_n^2=a_{n-2}\cdot a_{n+2}(n>2)$ 是否成立? $a_n^2=a_{n-k}\cdot a_{n+k}(n>k>0)$ 是否成立?

7.3.3 等比数列的前 n 项和

知识链接

国际象棋盘上的故事

国际象棋起源于古代印度,棋盘上有 8 行 8 列 64 个格子.关于国际象棋有这样一个著名的传说.相传,古印度的舍罕王打算重赏国际象棋的发明者——宰相西萨·班·达依尔.于是这位宰相跪在国王面前说:"陛下,请您在这张棋盘的第一个小格内,赏给我 1 粒麦子;在第二个小格内给 2 粒,第三格内给 4 粒,照这样下去,每一小格都比前一小格加一倍.陛下啊,把这样摆满棋盘上所有 64 格的麦粒,都赏给您的仆人罢!"国王慷慨地答应了宰相的要求.

白方2着杀王(答案)

同学们,国王能实现自己的诺言吗?(提示:棋盘上 64 个格子小麦的总数将是一个十九位数,折算为重量,大约是两千多亿吨,而当时全世界小麦的年产量也不过是数亿吨而已.)

下面我们来求等比数列

$$a_1, a_2, a_3, \cdots, a_n, \cdots$$

的前 n 项的和

$$S_n = a_1 + a_2 + a_3 + \cdots + a_{n-1} + a_n.$$

根据等比数列的通项公式, 上式可写成

$$S_n = a_1 + a_1 q + a_1 q^2 + \cdots + a_1 q^{n-2} + a_1 q^{n-1}. \qquad ①$$

因为将等比数列的每一项乘以公比, 就得到它后面相邻的一项, 现将①式的两边同乘以公比 q, 得

$$qS_n = a_1 q + a_1 q^2 + \cdots + a_1 q^{n-2} + a_1 q^{n-1} + a_1 q^n. \qquad ②$$

比较两式的右边, 我们看到, 除①式的第 1 项与②式的最后一项外, 两式右边的其余各项完全相同. 所以用①式的两边分别减去②式的两边, 得

$$(1-q)S_n = a_1 - a_1 q^n.$$

由此得到 $q \neq 1$ 时, 等比数列 $\{a_n\}$ 的前 n 项和公式

$$S_n = \frac{a_1 - a_1 q^n}{1-q}.$$

故

$$S_n = \begin{cases} na_1, & q=1, \\ \dfrac{a_1 - a_1 q^n}{1-q}, & q \neq 1. \end{cases}$$

因为

$$a_1 q^n = (a_1 q^{n-1}) q = a_n q,$$

所以上面的公式还可以写成

$$S_n = \frac{a_1 - a_n q}{1-q} \quad n \in \mathbf{N}^*.$$

很明显, 当 $q=1$ 时, $S_n = na_1, n \in \mathbf{N}^*$.

当已知 a_1, q, n 求 S_n 时, 可用前一个公式; 当已知 a_1, q, a_n 求 S_n 时, 可用后一个公式.

例 7.25 "一尺之棰, 日取其半, 万世不竭", 怎样用上面的知识来说明它?

解: 这句古语的意思是, 一尺长的木棒, 如果每天取走它的一半, 永远也取不完.

如果将每天取走的木棒长度排成一个数列, 这是一个首项 $a_1 = \frac{1}{2}$, 公比 $q = \frac{1}{2}$ 的等比数列, 它的前 n 项和是

$$S_n = \frac{\frac{1}{2}\left[1 - \left(\frac{1}{2}\right)^n\right]}{1 - \frac{1}{2}} = 1 - \left(\frac{1}{2}\right)^n.$$

无论天数 n 为何值, $1 - \left(\frac{1}{2}\right)^n$ 总小于 1, 这说明一尺长的木棒按上述方法永远也取不完.

例 7.26 已知等比数列 $\{a_n\}$ 的公比 $q = \frac{1}{2}$, $a_8 = 1$, 求前 8 项的和 S_8.

解: 因为

$$a_8 = a_1 q^7,$$

所以
$$a_1 = \frac{1}{\left(\frac{1}{2}\right)^7} = 2^7.$$

因此
$$S_8 = \frac{a_1 - a_n q}{1-q} = \frac{2^7 - 1 \times \frac{1}{2}}{1 - \frac{1}{2}} = 2^8 - 1 = 255.$$

知识链接

泥版上的等比数列

泥版 MS 1844（约公元前 2050 年）上记载如下问题的解法：七兄弟分财产，最小的得 2，后一个比前一个多得 1/6，问所分财产共有多少？（提示：七兄弟所得构成一个首项为 2、公比为 7/6 的等比数列）

练习 7.12

1. 在等比数列 $\{a_n\}$ 中：

（1）$a_1 = 3$，$q = 2$，$n = 6$，求 S_n；

（2）$a_1 = 2.7$，$q = -\frac{1}{3}$，$a_n = \frac{1}{91}$，求 S_n；

（3）$S_5 = 8.25$，$q = -1.5$，求 a_1；

（4）$a_1 = 8$，$S_3 = 14$，求 q.

2.（1）求等比数列 $1, 2, 4, \cdots$ 从第 5 项到第 10 项的和；

（2）求等比数列 $\frac{3}{2}, \frac{3}{4}, \frac{3}{8}, \cdots$ 从第 3 项到第 7 项的和；

（3）等比数列前 5 项的和为 242，公比是 3，求这个等比数列的前 5 项.

例 7.27 已知等比数列 $\{a_n\}$ 中，$a_3 = 1\frac{1}{2}$，$S_3 = 4\frac{1}{2}$，求 a_1 与 q.

解：（1）当 $q = 1$ 时，$a_1 = 1\frac{1}{2}$.

（2）当 $q \neq 1$ 时，根据等比数列的通项公式和前 n 项和公式，得

$$\begin{cases} a_1 q^2 = 1\frac{1}{2}, \\ \dfrac{a_1(1-q^3)}{1-q} = 4\frac{1}{2}; \end{cases}$$

即

$$\begin{cases} a_1 q^2 = 1\frac{1}{2}, \\ a_1(1+q+q^2) = 4\frac{1}{2}; \end{cases}$$

两式相除，得

$$\frac{q^2}{1+q+q^2} = \frac{1}{3},$$

整理，得

$$2q^2 - q - 1 = 0,$$

因为此处 $q \neq 1$,

所以该方程只有一个解，即 $q = -\frac{1}{2}$.

当 $q = -\frac{1}{2}$ 时，得 $a_1 = 6$.

根据（1）（2）得，$a_1 = 1\frac{1}{2}$，$q = 1$ 或 $a_1 = 6$，$q = -\frac{1}{2}$.

例 7.28 某校办工厂第一年创产值 4 万元，如果每年产值增加 5%，那么从第一年起，大约在几年内可以使总产值达到 22 万元？

解：由题意知，这个工厂从第一年起，逐年的产值组成一个等比数列，并且

$$a_1 = 4, \quad q = 1 + 5\% = 1.05, \quad S_n = 22.$$

于是得到

$$\frac{4(1-1.05^n)}{1-1.05} = 22,$$

整理后，得

$$1.05^n = 1.275,$$

两边取对数，得

$$n\lg 1.05 = \lg 1.275,$$

$$n = \frac{\lg 1.275}{\lg 1.05}$$

用计算器可以求得 $n \approx 4.979$.

答：大约 5 年内可以使总产值达到 22 万元.

例 7.29 一弹性球从 100 m 高处自由落下，每次着地后又跳回到原高度的一半再落

下. 当它第 10 次着地时, 共经过了多长距离(保留一位小数).

解: 因为每次着地后又跳回到原高度的一半再落下, 所以小球 10 次下落的距离依次构成等比数列, 且 $a_1 = 100$, $q = \dfrac{1}{2}$, $n = 10$, 又因为 9 次上升的距离依次与后 9 次下落距离相同, 所以当它第 10 次着地时所经过的距离为

$$S = \frac{100\left[1-\left(\dfrac{1}{2}\right)^{10}\right]}{1-\dfrac{1}{2}} \times 2 - 100$$

$$= 400\left[1-\left(\dfrac{1}{2}\right)^{10}\right] - 100$$

$$= 300 - 400 \times \frac{1}{2^{10}} \approx 299.6\,(\mathrm{m}).$$

答: 第 10 次着地时, 小球共经过了约 299.6 m.

名题赏析

芝诺悖论

芝诺悖论是古希腊数学家芝诺提出的一系列关于运动的不可分性的哲学悖论. "二分法"和"阿基里斯跑不过乌龟"是其中的两个.

"二分法": 一个人从 A 点走到 B 点, 要先走完路程的 1/2, 再走完剩下路程的 1/2, 再走完剩下路程的 1/2……如此进行下去, 永远不能到终点.

"阿基里斯跑不过乌龟": 阿基里斯是古希腊神话中善跑的英雄. 只要乌龟不停地奋力向前爬, 快跑者永远赶不上慢跑者, 因为追赶者必须首先跑到被追者的出发点, 而当它到达被追者的出发点, 又有新的出发点在等着它, 有无限个这样的出发点, 所以阿基里斯就永远也追不上乌龟!

芝诺揭示的矛盾是深刻而复杂的. 芝诺把动和静、无限和有限、连续和离散的关系揭示出来, 并进行了辩证的考察. 在稍后的时间里欧多克索斯创立了新的

比例论,从而克服了因发现不可公度量而出现的数学危机,并完善了穷竭法,巧妙地处理了无穷小问题. 因此,在希腊数学发展的这个关键时刻,很难说芝诺没有对它的发展做出过有意义的贡献.

练习 7.13

1. 在等比数列 $\{a_n\}$ 中:

(1) $a_1 = -1.5$, $a_4 = 96$, 求 q 与 S_4;

(2) $q = \dfrac{1}{2}$, $S_5 = 3\dfrac{7}{8}$, 求 a_1 与 a_5;

(3) $a_1 = 2$, $S_3 = 26$, 求 q 与 a_3;

(4) $a_3 = \dfrac{1}{9}$, $S_3 = \dfrac{19}{36}$, 求 a_1 与 q.

2. 已知数列 $\{a_n\}$ 是等比数列, $S_3 = \dfrac{9}{2}$, $S_6 = \dfrac{14}{3}$, 求 a_1 与 q.

3. 某工厂去年产值是 100 万元,计划今后 5 年内每年比上一年产值增长 30%,从今年起,到第 5 年这个工厂的年产值是多少? 这 5 年的总产值是多少?

4. 做一个边长为 2 cm 的正方形,再以这个正方形的对角线为边做第二个正方形,以第二个正方形的对角线为边做第三个正方形,这样一共做了 10 个正方形. 求:

(1) 第十个正方形的面积;

(2) 这 10 个正方形的面积的和.

5. 我国古代问题:"远望巍巍塔七层,红光点点倍加增,共灯三百八十一,请问尖头几盏灯?"(载《九章算法比类大全》)

例 7.30 求和:

$$\left(x + \frac{1}{y}\right) + \left(x^2 + \frac{1}{y^2}\right) + \cdots + \left(x^n + \frac{1}{y^n}\right) \quad (x \neq 0, x \neq 1, y \neq 1).$$

分析:上面各个括号内的式子均由两项组成,其中各括号内的前一项与后一项分别组成等比数列,分别求出这两个等比数列的和就能得到所求式子的值.

解:当 $x \neq 0$, $x \neq 1$, $y \neq 1$ 时,有

$$\left(x + \frac{1}{y}\right) + \left(x^2 + \frac{1}{y^2}\right) + \cdots + \left(x^n + \frac{1}{y^n}\right) = (x + x^2 + \cdots + x^n) + \left(\frac{1}{y} + \frac{1}{y^2} + \cdots + \frac{1}{y^n}\right)$$

$$= \frac{x(1 - x^n)}{1 - x} + \frac{\dfrac{1}{y}\left(1 - \dfrac{1}{y^n}\right)}{1 - \dfrac{1}{y}}$$

$$= \frac{x - x^{n+1}}{1 - x} + \frac{y^n - 1}{y^{n+1} - y^n}.$$

例 7.31 求数列

$$1,1+2,1+2+2^2,\cdots,1+2+2^2+\cdots+2^{n-1},\cdots$$

的前 n 项和.

解：   因为

$$a_n=1+2+2^2+\cdots+2^{n-1}$$

$$=\frac{1\times(1-2^n)}{1-2}=2^n-1,$$

所以

$$S_n=a_1+a_2+a_3+\cdots+a_n$$

$$=(2-1)+(2^2-1)+(2^3-1)+\cdots+(2^n-1)$$

$$=2+2^2+2^3+\cdots+2^n-n$$

$$=\frac{2(1-2^n)}{1-2}-n$$

$$=2^{n+1}-n-2.$$

练习 7.14

1. 求和：

（1）$(a-1)+(a^2-2)+\cdots+(a^n-n)$；

（2）$(2-3\times5^{-1})+(4-3\times5^{-2})+\cdots+(2n-3\times5^{-n})$.

2. 已知数列 $\{a_n\}$ 的通项公式 $a_n=2^n+2n-1$，求 S_n.

3. 设等比数列 $\{a_n\}$ 的公比是 q，求证：

$$a_1a_2a_3\cdots a_n=a_1^n q^{\frac{n(n-1)}{2}}.$$

思考与探究

等比数列模型（复利问题）

复利：把上期末的本利和作为下一期的本金，在计算时每一期本金的数额是不同的. 以符号 P 代表本金，n 代表存期，r 代表利率，S 代表本金与利息和，复利的计算公式是 $S=P(1+r)^n$.

某房地产公司为了促销自己的商品房，采取了较为灵活的付款方式，对购买 10 万元一套的住房在一年内将款全部付清的前提下，可以选择两种分期付款方式购房.

方案一：分 3 次付清，购买后 4 个月第 1 次付款，再过 4 个月第 2 次付款，再过 4 个月第 3 次付款.

方案二：分 12 次付清，购买后 1 个月第 1 次付款，再过 1 个月第 2 次付款，再过 1 个月第 3 次付款，……购买后 12 个月第 12 次付款.

规定分期付款中，每期付款额相同，月利率为 0.8%，每月利息按复利计算，即指上月利息要记入下月本金.

试比较以上两种方案中哪一种方案付款总额较少?(计算结果保留四位有效数字)

(答案见本章最后)

*7.4 数学归纳法

观察式子

$$1 = 1^2,$$
$$1+3 = 2^2,$$
$$1+3+5 = 3^2,$$
$$1+3+5+7 = 4^2,$$
$$\cdots\cdots$$

我们自然会猜测,对于一切正整数 n,都有

$$1+3+5+\cdots+(2n-1) = n^2. \qquad ①$$

像这样,由一系列有限的特殊事例得出一般结论的推理方法,通常称为不完全归纳法. 归纳法是人们认识客观规律的一个重要手段,它可以帮助我们从具体事例中发现一般规律,在自然科学和社会科学中,都有大量的定理、定律运用了归纳推理,比如我们前面得到的等差及等比数列的通项公式,都是归纳推理的结果.

但是,仅仅根据一系列有限的特殊事例得出的结论有时是不正确的. 例如一个数列的通项公式是

$$a_n = (n^2-5n+5)^2,$$

容易验证

$$a_1 = 1, \ a_2 = 1, \ a_3 = 1, \ a_4 = 1,$$

如果我们由此作出结论:对于任何正整数 n, $a_n = (n^2-5n+5)^2 = 1$ 都成立,那就错了. 事实上, $a_5 = 25 \neq 1$.

那么,如何证明由归纳所得的结论的正确性呢? 比如①式,由于这里的 n 是指任意正整数,因此①式实际上表示了 $n = 1, 2, 3, \cdots$ 时的无数多个等式,显然一一验证是不现实的. 要证明这种与正整数有关的数学命题,数学归纳法就是一种常用的方法.

用数学归纳法证明某些与正整数有关的数学命题包括两个步骤:

(1)证明当 n 取第一个值 n_0(例如 $n_0 = 1$ 或 2 等)时结论正确;

(2)假设当 $n = k(k \in \mathbf{N}^*, k \geq n_0)$ 时结论正确,证明当 $n = k+1$ 时结论也正确.

完成了这两个步骤以后,就可以断定命题对于从 n_0 开始的所有正整数 n 都正确. 这种证明方法就叫作数学归纳法.

例如,我们用数学归纳法来证明:对于任意正整数 n,等式

$$1+3+5+\cdots+(2n-1) = n^2$$

都成立.

证明：（1）当 $n=1$ 时，左边 $=1$，右边 $=1$，等式成立.

（2）假设当 $n=k(\geqslant 1)$ 时等式成立，即

$$1+3+5+\cdots+(2k-1)=k^2,$$

那么，当 $n=k+1$ 时，有

$$
\begin{aligned}
1+3+5+\cdots+(2k-1)+[2(k+1)-1] &= k^2+[2(k+1)-1] \\
&= k^2+2k+1 \\
&= (k+1)^2.
\end{aligned}
$$

这就是说，当 $n=k+1$ 时等式也成立.

由（1）和（2）可以断定，等式对于任何 $n\in \mathbf{N}^*$ 都成立.

数学归纳法得出的结论是正确的. 这是因为，在上面证明的第一步中，我们验证了当 $n=1$ 时命题确实是正确的. 证明的第二步，是用"$n=k$ 时命题成立"的假设条件，推证出"$n=k+1$ 时命题也成立"的结论，完成了第二步的证明就可以保证：只要 $n=k$ 时命题是正确的，那么 $n=k+1$ 时命题也一定是正确的. 这就建立了一种由 $n=k$ 到 $n=k+1$ 的递推关系，如果我们在 $n=1$ 时命题正确的基础上使用这种递推关系，就可得出当 $n=1+1=2$ 时命题也正确的结果；若在 $n=2$ 时命题也正确的基础上再使用这种递推关系，又可得出当 $n=2+1=3$ 时命题也正确的结果. 这样递推下去，就可知：$n=4,5,6,\cdots$ 时命题也都是正确的. 因此根据（1）和（2）就可以断定，命题对于任何 $n\in \mathbf{N}^*$ 都成立.

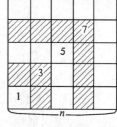

图 7.3

上面所证的等式可以用图 7.3 来表示.

例 7.32　用数学归纳法证明：如果 $\{a_n\}$ 是一个等差数列，那么

$$a_n=a_1+(n-1)d$$

对一切 $n\in \mathbf{N}^*$ 都成立.

证明：（1）当 $n=1$ 时，左边 $=a_1$，

$$右边 = a_1+0d=a_1,$$

等式成立.

（2）假设当 $n=k(\geqslant 1)$ 时等式成立，就是

$$a_k=a_1+(k-1)d,$$

那么

$$
\begin{aligned}
a_{k+1} &= a_k+d \\
&= a_1+(k-1)d+d \\
&= a_1+[(k+1)-1]d.
\end{aligned}
$$

这就是说，当 $n=k+1$ 时，等式也成立.

根据（1）和（2），可知等式对一切 $n\in \mathbf{N}^*$ 都成立.

练习 7.15

用数学归纳法证明：

1. $1+2+3+\cdots+n = \dfrac{1}{2}n(n+1)$；

2. $1+2+2^2+\cdots+2^{n-1} = 2^n-1$；

3. 首项为 a_1，公比为 q 的等比数列的通项公式是 $a_n = a_1 q^{n-1}$.

用数学归纳法证明命题的两个步骤是缺一不可的. 从上面计算数列 $\{(n^2-5n+5)^2\}$ 各项的值可以看出，只完成步骤（1）而缺少步骤（2），就可能得出不正确的结论，因为单靠步骤（1），我们无法递推下去，所以对于 n 取 $2,3,4,5\cdots$ 时命题是否正确，我们无法判定. 同样，只有步骤（2）而缺少步骤（1），也可能得出不正确的结论. 例如，假设当 $n=k$ 时，等式
$$2+4+6+\cdots+2n = n^2+n+1,$$
成立，就是
$$2+4+6+\cdots+2k = k^2+k+1,$$
那么，当 $n=k+1$ 时
$$2+4+6+\cdots+2k+2(k+1) = k^2+k+1+2(k+1)$$
$$= (k+1)^2+(k+1)+1.$$

这就是说，如果 $n=k$ 时等式成立，那么 $n=k+1$ 时等式也成立. 但如果仅根据这一步就得出等式对于任何 $n\in \mathbf{N}^*$ 都成立的结论，那就错了. 事实上，当 $n=1$ 时，上式左边 $=2$，右边 $=1^2+1+1=3$，左边 $\neq$ 右边. 这也说明如果缺少步骤（1）这个基础，光靠步骤（2）不足以得出结论.

例 7.33 用数学归纳法证明：
$$1^2+2^2+3^2+\cdots+n^2 = \frac{n(n+1)(2n+1)}{6}.$$

证明：（1）当 $n=1$ 时，左边 $=1^2=1$，

右边 $= \dfrac{1\times 2\times 3}{6} = 1$，等式成立.

（2）假设当 $n=k(\geqslant 1)$ 时等式成立，就是
$$1^2+2^2+3^2+\cdots+k^2 = \frac{k(k+1)(2k+1)}{6},$$

那么
$$1^2+2^2+3^2+\cdots+k^2+(k+1)^2$$
$$= \frac{k(k+1)(2k+1)}{6} + (k+1)^2$$
$$= \frac{k(k+1)(2k+1)+6(k+1)^2}{6}$$
$$= \frac{(k+1)(2k^2+7k+6)}{6}$$

$$=\frac{(k+1)(k+2)(2k+3)}{6}$$

$$=\frac{(k+1)\big[(k+1)+1\big]\big[2(k+1)+1\big]}{6}.$$

这就是说,当 $n=k+1$ 时等式也成立.

根据(1)和(2),可知等式对于任何 $n\in\mathbf{N}^{*}$ 都成立.

例 7.34　用数学归纳法证明:

$$\frac{1}{1\times4}+\frac{1}{4\times7}+\cdots+\frac{1}{(3n-2)(3n+1)}=\frac{n}{3n+1}.$$

证明:(1)当 $n=1$ 时,左边 $=\dfrac{1}{1\times4}=\dfrac{1}{4}$,

右边 $=\dfrac{1}{3+1}=\dfrac{1}{4}$,等式成立.

(2)假设当 $n=k(\geqslant1)$ 时等式成立,即有

$$\frac{1}{1\times4}+\frac{1}{4\times7}+\cdots+\frac{1}{(3k-2)(3k+1)}=\frac{k}{3k+1},$$

那么

$$\frac{1}{1\times4}+\frac{1}{4\times7}+\cdots+\frac{1}{(3k-2)(3k+1)}+\frac{1}{\big[3(k+1)-2\big]\big[3(k+1)+1\big]}$$

$$=\frac{k}{3k+1}+\frac{1}{\big[3(k+1)-2\big]\big[3(k+1)+1\big]}$$

$$=\frac{k}{3k+1}+\frac{1}{(3k+1)(3k+4)}$$

$$=\frac{3k^{2}+4k+1}{(3k+1)(3k+4)}$$

$$=\frac{(3k+1)(k+1)}{(3k+1)\big[3(k+1)+1\big]}$$

$$=\frac{k+1}{3(k+1)+1}.$$

这就是说,当 $n=k+1$ 时等式也成立.

根据(1)和(2),可知等式对于任何 $n\in\mathbf{N}^{*}$ 都成立.

练习 7.16

用数学归纳法证明:

1. $1^{3}+2^{3}+3^{3}+\cdots+n^{3}=\dfrac{1}{4}n^{2}(n+1)^{2}$;

2. $1\times2+2\times3+3\times4+\cdots+n(n-1)=\dfrac{1}{3}n(n+1)(n+2)$;

3. $\dfrac{1}{1\times3}+\dfrac{1}{3\times5}+\dfrac{1}{5\times7}+\cdots+\dfrac{1}{(2n-1)(2n+1)}=\dfrac{n}{2n+1}$;

4. $1^2+3^2+5^2+\cdots+(2n-1)^2=\dfrac{1}{3}n(2n-1)(2n+1)$.

例7.35　用数学归纳法证明：$x^{2n}-y^{2n}(n\in\mathbf{N}^*)$能被$x+y$整除.（对于多项式$A,B$,如果$A=BC,C$也是多项式,那么称$A$能被$B$整除）

证明：（1）当$n=1$时,$x^2-y^2=(x+y)(x-y)$能被$x+y$整除.

（2）假设当$n=k(\geqslant1)$时,$x^{2k}-y^{2k}$能被$x+y$整除,那么
$$
\begin{aligned}
x^{2(k+1)}-y^{2(k+1)}&=x^2\cdot x^{2k}-y^2\cdot y^{2k}\\
&=x^2\cdot x^{2k}-x^2\cdot y^{2k}+x^2\cdot y^{2k}-y^2\cdot y^{2k}\\
&=x^2(x^{2k}-y^{2k})+y^{2k}(x^2-y^2).
\end{aligned}
$$

根据(1)的结论和归纳假设知,$x^{2k}-y^{2k}$与x^2-y^2都能被$x+y$整除,所以上面的和$x^2(x^{2k}-y^{2k})+y^{2k}(x^2-y^2)$也能被$x+y$整除. 这就是说,当$n=k+1$时,$x^{2(k+1)}-y^{2(k+1)}$能被$x+y$整除.

根据(1)和(2),可知命题对任何$n\in\mathbf{N}^*$都成立.

例7.36　用数学归纳法证明：$6^{2n}+3^{n+2}+3^n(n\in\mathbf{N}^*)$能被11整除.

证明：（1）当$n=1$时,$6^2+3^3+3=66$能被11整除.

（2）假设当$n=k$时,$6^{2k}+3^{k+2}+3^k$能被11整除,那么
$$
\begin{aligned}
&6^{2(k+1)}+3^{(k+1)+2}+3^{k+1}\\
&=36\times6^{2k}+3\times3^{k+2}+3\times3^k\\
&=33\times6^{2k}+3\times6^{2k}+3\times3^{k+2}+3\times3^k\\
&=33\times6^{2k}+3(6^{2k}+3^{k+2}+3^k).
\end{aligned}
$$

因为33和$6^{2k}+3^{k+2}+3^k$能被11整除,所以上面的和$33\times6^{2k}+3(6^{2k}+3^{k+2}+3^k)$也能被11整除,这就是说,当$n=k+1$时,$6^{2(k+1)}+3^{(k+1)+2}+3^{k+1}$能被11整除.

根据(1)和(2),可知命题对任何正整数都成立.

练习 7.17

1. 用数学归纳法证明：
(1)两个连续正整数的积能被2整除；
(2)三个连续正整数的立方和能被9整除.

2. 用数学归纳法证明：当$n\in\mathbf{N}^*$时,$n(n+1)(n+2)$能被6整除.

3. 用数学归纳法证明：$3^{4n+2}+5^{2n+1}(n\in\mathbf{N}^*)$能被14整除.

4. 用数学归纳法证明：$x^{2n-1}+y^{2n-1}(n\in\mathbf{N}^*)$能被$x+y$整除.

5. 用数学归纳法证明：$x^{3n}-1(n\in\mathbf{N}^*)$能被$x^2+x+1$整除.

例7.37　用数学归纳法证明：凸$n(n\geqslant3)$边形的内角和等于$(n-2)\pi$.

证明：（1）当$n=3$时,从平面几何知道,三角形的内角和等于π,这时

$$(n-2)\pi=(3-2)\pi=\pi,$$

即这个命题是成立的.

（2）假设当 $n=k(k\geqslant3)$ 时,命题成立,就是凸 k 边形的内角和等于 $(k-2)\pi$.

我们来计算 $k+1$ 边形 $A_1A_2\cdots A_kA_{k+1}$（图 7.4）的内角和.

联结 A_1A_k,得到 k 边形 $A_1A_2\cdots A_k$ 和 $\triangle A_1A_kA_{k+1}$. 因为 k 边形 $A_1A_2\cdots A_k$ 的内角和等于 $(k-2)\pi$,$\triangle A_1A_kA_{k+1}$ 的内角和等于 π,所以,由图 7.4 知道,$k+1$ 边形 $A_1A_2\cdots A_kA_{k+1}$ 的内角和为

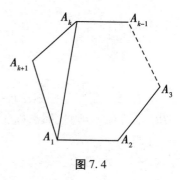

图 7.4

$$(k-2)\pi+\pi=\big[(k+1)-2\big]\pi.$$

这就是说,如果当 $n=k(k\geqslant3)$ 时命题成立,那么当 $n=k+1$ 时命题也成立.

根据（1）和（2）可知,命题对于任何大于等于 3 的正整数都成立.

例 7.38　顺次计算数列 $1,1+2+1,1+2+3+2+1,1+2+3+4+3+2+1,\cdots$ 的前 4 项的值,由此猜测

$$a_n=1+2+3+\cdots+(n-1)+n+(n-1)+\cdots+3+2+1$$

的结果,并用数学归纳法加以证明.

解：
$$1=1^2,$$
$$1+2+1=2^2,$$
$$1+2+3+2+1=3^2,$$
$$1+2+3+4+3+2+1=4^2,$$

从而猜测

$$a_n=1+2+3+\cdots+(n-1)+n+(n-1)+\cdots+3+2+1=n^2.$$

观察图 7.5 也可以作出上述猜测.

用数学归纳法证明这个结论：

（1）当 $n=1$ 时,左边 $a_1=1$,右边 $=1$,等式成立.

（2）假设当 $n=k(\geqslant1)$ 时,等式成立,即

$$a_k=1+2+3+\cdots+(k-1)+k+(k-1)+\cdots+3+2+1=k^2,$$

那么当 $n=k+1$ 时,有

$$\begin{aligned}a_{k+1}&=1+2+3+\cdots+k+(k+1)+k+\cdots+3+2+1\\&=\big[1+2+3+\cdots+(k-1)+k+(k-1)+\cdots+3+2+1\big]+(k+1)+k\\&=a_k+(k+1)+k\\&=k^2+2k+1\\&=(k+1)^2.\end{aligned}$$

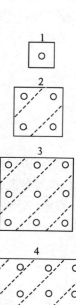

图 7.5

等式也成立.

根据（1）和（2）,可知等式对任何正整数 n 都成立.

练习 7.18

1. 用数学归纳法证明:凸 n 边形的对角线的条数 $f(n)=\dfrac{1}{2}n(n-3)\,(n\geqslant4)$.

2. 平面内有 n 条直线,其中任何两条不平行,任何三条不过同一点,用数学归纳法证明它们交点的个数是

$$f(n)=\dfrac{1}{2}n(n-1)\,(n\geqslant2).$$

3. 顺次计算数列 $-1,-1+3,-1+3-5,-1+3-5+7,\cdots$ 的前 4 项的值,由此猜测

$$a_n=-1+3-5+\cdots+(-1)^n(2n-1)$$

的结果,并用数学归纳法加以证明.

本章小结

一、知识结构

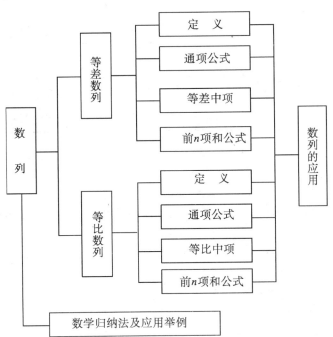

二、知识回顾与方法总结

1. 本章的主要内容是数列的概念,等差数列、等比数列的通项公式与前 n 项和公式,数学归纳法和应用举例.

2. 按照一定的次序排列的一列数叫作数列. 实际上, 从函数的观点看, 对于一个定义域为正整数集（或它的有限子集 $\{1,2,3,\cdots,n\}$ ）的函数来说, 数列就是这个函数当自变量从小到大依次取值时对应的一列函数值, 而数列的通项就是这种函数关系的一种表达式.

3. 等差数列和等比数列是数列中的两种最常见最基本的重要数列. 由于它们在内容上是基本平行的, 所以可以将它们对比起来学习, 以进一步认识它们之间的区别与联系. 等差数列和等比数列的概念、公式等如小结表 1 所示。

小结表 1

名称	等差数列	等比数列
定义	从第二项起, 每一项与它的前一项的差都等于同一个数的数列.	从第二项起, 每一项与它的前一项的比都等于同一个数的数列.
一般形式	$a_1,a_1+d,a_1+2d,\cdots$ （d 为公差）	$a_1,a_1q,a_1q^2,\cdots$ （q 为公比, 且 $a_1q\neq0$）
通项公式	$a_n=a_1+(n-1)d.$	$a_n=a_1q^{n-1}.$
前 n 项和公式	$S_n=\dfrac{n(a_1+a_n)}{2}$; 或 $S_n=na_1+\dfrac{n(n-1)}{2}d.$	$S_n=\begin{cases}na_1,q=1\\\dfrac{a_1(1-q^n)}{1-q}=\dfrac{a_1-a_nq}{1-q},q\neq1.\end{cases}$
中项	a 与 b 的等差中项是 $A=\dfrac{a+b}{2}.$	a 与 b 的等比中项是 $G=\pm\sqrt{ab}.$

*4. 数学归纳法是一种证明与正整数 n 有关的数学命题的重要方法, 用数学归纳法证明命题的步骤是:

（1）证明当 n 取第一个值 $n_0(n_0\in\mathbf{N}^*)$ 时结论正确;

（2）假设当 $n=k(k\in\mathbf{N}^*$, 且 $k\geqslant n_0)$ 时结论正确, 证明当 $n=k+1$ 时结论也正确.

在完成了这两个步骤以后, 就可以断定命题对于从 n_0 开始的所有正整数 n 都正确. 数学归纳法的两个步骤, 第一步是递推的基础, 第二步是递推的依据, 两步缺一不可.

练一练

1. 有两个等差数列 $\{a_n\}$ 和 $\{b_n\}$, 且 $\dfrac{a_1+a_2+a_3+\cdots+a_n}{b_1+b_2+b_3+\cdots+b_n}=\dfrac{7n+2}{n+3}$, 求 $\dfrac{a_5}{b_5}$.

2. 已知等比数列 $\{a_n\}$ 中, $a_1+a_2+a_3=18$, $a_2+a_3+a_4=-9$, 求 a_5 及前 8 项的积.

3. 等比数列的前三项为 $a,2a+2,3a+3$, 这个数列中第几项的值为 $-\dfrac{27}{2}$?

4. 在等比数列 $\{a_n\}$ 中, 已知前 10 项的和为 5, 前 20 项的和为 15, 求前 30 项的和.

5. 在等比数列 $\{a_n\}$ 中，$a_1+a_2=4$，$a_5+a_6=324$，求数列前 n 项和 S_n.

6. 在等比数列 $\{a_n\}$ 中，公比 $q=2$，前 99 项的和为 56，求 $a_3+a_6+a_9+\cdots+a_{99}$ 的值.

7. 求数列 $\{nx^{n-1}\}$ 前 n 项的和.

8. 求数列 $\left\{\dfrac{1}{n(n+1)}\right\}$ 前 n 项的和.

9. 求 $5+55+555+\cdots+\underbrace{55\cdots5}_{n\text{个}5}$ 的值.

本章练习参考答案

练习 7.1

1. （1）2，3，5，7，11，13，17，19.

   （2）3，3.1，3.14，3.142，….

2. （1）−1，0，3，8，15； （2）1，0，−1，0，1；

   （3）3，−3，3，−3，3； （4）$\dfrac{3}{2}$，1，$\dfrac{7}{10}$，$\dfrac{9}{17}$，$\dfrac{11}{26}$.

3. （1）$a_n=-2(n-1)$； （2）$a_n=\dfrac{n+1}{n}$；

   （3）$a_n=(-1)^n\sqrt[3]{n}$； （4）$a_n=\dfrac{1}{n}-\dfrac{1}{n+1}$.

4. （1）9，18，$a_n=3n$； （2）1，25，$a_n=n^2$；

   （3）$\sqrt{3}$，$\sqrt{6}$，$a_n=\sqrt{n}$； （4）$\dfrac{5}{8}$，$\dfrac{11}{64}$，$a_n=\dfrac{2n-1}{2^n}$.

练习 7.2

1. （1）1，2，$\dfrac{3}{2}$，$\dfrac{5}{3}$，$\dfrac{8}{5}$； （2）$\dfrac{1}{2}$，3，13，53，213；

   （3）1，−2，−3，−1，2.

2. $\dfrac{1}{8}$，$\dfrac{1}{10}$，$\dfrac{1}{12}$，$\dfrac{1}{14}$，$a_n=\dfrac{1}{2n+6}$.

练习 7.3

1. （1）不是； （2）是，$d=3$； （3）是，$d=-2$； （4）不是.

2. （1）$a_4=17$，$a_{10}=41$； （2）$a_{20}=-28$； （3）$a_{n+1}=-3n$.

练习 7.4

1. （1）$a_1=10$； （2）$d=-\dfrac{2}{5}$； （3）$n=10$.

2. −20 不是，因为方程 $-20=-3\dfrac{1}{2}(n-1)$ 没有正整数解；−42 是第 13 项.

3. （1）$a_1=-2$，$d=3$； （2）$a_{12}=0$；

(3) 由 $a_n = a_1 + (n-1)d$, $a_m = a_1 + (m-1)d$ 两式相减即得.

4. $22, 29, 36, 43$.

5. $192, 168, 144$.

6. $2\,℃, -37\,℃$.

7. 思考题:都是等差数列,首项与公差分别是

(1) a_{m+1}, d;　(2) $a_1, 2d$;　(3) a_r, d;　(4) $a_n, -d$.

练习 7.5

1. (1) 5;　(2) $a^2 + b^2$.

2. 180.

3. $4, 6, 8$ 或 $8, 6, 4$.

练习 7.6

1. (1) $S_n = 500$;　(2) $S_n = -370$.

2. 200.

3. (1) n^2;　(2) $n(n+1)$;　(3) $\dfrac{n}{2}(3n-1)$.

练习 7.7

1. (1) $a_n = 23$;　(2) $a_1 = \dfrac{3}{5}$.

2. $n = 15$.

3. (1) $d = \dfrac{17}{13}, n = 27$;　(2) $a_1 = 11, a_n = 23$;

(3) $n = 13, a_n = -4\dfrac{1}{5}$;　(4) $a_1 = -38, S_n = -360$.

4. $a_n = \dfrac{5}{3} - \dfrac{7}{15}n$　$n \in \mathbf{N}^*$.

练习 7.8

1. 50,　$2\,500$.

2. 33,　$1\,650$.

3. $1\,140$.

4. $n = 4$.

5. n^2.

6. (1) $S_n = \dfrac{n(3n-1)}{2}$;　(2) $a_n = 10n - 2$　$n \in \mathbf{N}^*$.

7. $5\dfrac{15}{29}$.

练习 7.9

1. (1) $a_4 = -135, a_5 = 405$;　(2) $a_4 = 9.6, a_5 = 19.2$;

(3) $a_4 = \dfrac{9}{32}, a_5 = \dfrac{27}{128}$;　(4) $a_4 = \dfrac{1}{2}, a_5 = \dfrac{\sqrt{2}}{4}$.

2. (1)–512； (2)9； (3)8； (4)–3.

练习 7.10

1. (1) $a_1 = 5$，$a_4 = 40$； (2)–729；

 (3) $q = \dfrac{2}{3}$，$a_1 = 27$ 或 $q = -\dfrac{2}{3}$，$a_1 = -27$； (4)±4.

2. 80，40，20，10.

3. 256.

4. $\dfrac{1}{3} \approx 33\%$.

5. 17. 15.

练习 7.11

1. (1)±60； (2)±1； (3)±1； (4) $\pm ab(a^2 + b^2)$.

2. 2，4，8 或 8，4，2.

3. 均成立.

练习 7.12

1. (1)189； (2) $\dfrac{7\,381}{3\,640}$； (3)2.4； (4) $\dfrac{1}{2}$ 或 $-\dfrac{3}{2}$.

2. (1)1 008； (2) $\dfrac{93}{128}$； (3)2，6，18，54，162.

练习 7.13

1. (1) $q = -4$，$S_4 = 76.5$； (2) $a_1 = 2$，$a_5 = \dfrac{1}{8}$；

 (3) $q = 3$，$a_3 = 18$ 或 $q = -4$，$a_3 = 32$；

 (4) $a_1 = \dfrac{1}{4}$，$q = \dfrac{2}{3}$ 或 $a_1 = \dfrac{25}{36}$，$q = -\dfrac{2}{5}$.

2. $a_1 = \dfrac{81}{26}$， $q = \dfrac{1}{3}$.

3. 371. 29， 1 175. 6.

4. 2 048， 4 092.

5. 3.

练习 7.14

1. (1)当 $a = 0$ 时，$S_n = -\dfrac{n(n+1)}{2}$；当 $a \neq 0$ 时，若 $a \neq 1$，则 $S_n = \dfrac{a(1-a^n)}{1-a} - \dfrac{n(n+1)}{2}$，若 $a =$

1，则 $S_n = -\dfrac{n(n-1)}{2}$.

 (2) $S_n = n(n+1) - \dfrac{3}{4} + \dfrac{3}{4} \times \left(\dfrac{1}{5}\right)^n$.

2. $S_n = 2^{n+1} - 2 + n^2$.

3. 提示：左边 $= a_1(a_1 q)(a_1 q^2) \cdots (a_1 q^{n-1}) = a_1^n q^{1+2+\cdots+(n-1)}$.

练习 7.15 （略）

练习 7.16　（略）

练习 7.17

1.（2）提示：假设当 $n=k$ 时，$k^3+(k+1)^3+(k+2)^3$ 能被 9 整除，那么当 $n=k+1$ 时，有

$$(k+1)^3+[(k+1)+1]^3+[(k+1)+2]^3$$
$$=(k+1)^3+(k+2)^3+(k+3)^3$$
$$=(k+1)^3+(k+2)^3+(k^3+9k^2+27k+27)$$
$$=[k^3+(k+1)^3+(k+2)^3]+9(k^2+3k+3).$$

因为 $k^3+(k+1)^3+(k+2)^3$ 和 9 都能被 9 整除，所以代数式

$$[k^3+(k+1)^3+(k+2)^3]+9(k^2+3k+3)$$

也能被 9 整除，这就是说

$$(k+1)^3+[(k+1)+1]^3+[(k+1)+2]^3$$

能被 9 整除.

2. 提示：假设当 $n=k$ 时，$k(k+1)(k+2)$ 能被 6 整除，则当 $n=k+1$ 时，有

$$(k+1)[(k+1)+1][(k+1)+2]$$
$$=(k+1)(k+2)(k+3)$$
$$=k(k+1)(k+2)+3(k+1)(k+2).$$

因为 $(k+1)(k+2)$ 能被 2 整除，所以 $3(k+1)(k+2)$ 能被 6 整除，从而 $k(k+1)(k+2)+3(k+1)(k+2)$ 能被 6 整除，这就是说

$(k+1)[(k+1)+1][(k+1)+2]$ 能被 6 整除.

3. 提示：假设 $n=k$ 当时，$3^{4k+2}+5^{2k+1}$ 能被 14 整除，那么当 $n=k+1$ 时，

$$3^{4(k+1)+2}+5^{2(k+1)+1}$$
$$=3^4\cdot3^{4k+2}+5^2\cdot5^{2k+1}$$
$$=3^4\cdot3^{4k+2}+3^4\cdot5^{2k+1}-3^4\cdot5^{2k+1}+5^2\cdot5^{2k+1}$$
$$=3^4\cdot(3^{4k+2}+5^{2k+1})-56\cdot5^{2k+1}.$$

因为 $3^{4k+2}+5^{2k+1}$ 和 56 都能被 14 整除，所以 $3^4\cdot(3^{4k+2}+5^{2k+1})-56\cdot5^{2k+1}$ 能被 14 整除，这就是说 $3^{4(k+1)+2}+5^{2(k+1)+1}$ 能被 14 整除.

4. 提示：假设当 $n=k$ 时，$x^{2k-1}+y^{2k-1}$ 能被 $x+y$ 整除，那么当 $n=k+1$ 时，有

$$x^{2(k+1)-1}+y^{2(k+1)-1}=x^2\cdot y^{2k-1}+y^2\cdot y^{2k-1}$$
$$=x^2\cdot x^{2k-1}+x^2\cdot y^{2k-1}-x^2\cdot y^{2k-1}+y^2\cdot y^{2k-1}$$
$$=x^2(x^{2k-1}+y^{2k-1})-y^{2k-1}(x^2-y^2).$$

因为 $x^{2k-1}+y^{2k-1}$ 和 x^2-y^2 都能被 $x+y$ 整除，所以 $x^2(x^{2k-1}+y^{2k-1})-y^{2k-1}(x^2-y^2)$ 能被 $x+y$ 整除，这就是说，$x^{2(k-1)-1}+y^{2(k+1)-1}$ 能被 $x+y$ 整除.

5. 提示：假设当 $n=k$ 时，$x^{3k}-1$ 能被 x^2+x+1 整除，则当 $n=k+1$ 时，有

$$x^{3(k+1)}-1=x^3\cdot x^{3k}-1=x^3\cdot x^{3k}-x^3+x^3-1=x^3(x^{3k}-1)+(x^3-1).$$

因为 $x^{3k}-1$ 和 x^3-1 都能被 x^2+x+1 整除，所以 $x^3(x^{3k}-1)+(x^3-1)$ 能被 x^2+x+1 整除，这就是说，$x^{3(k+1)}-1$ 也能被 x^2+x+1 整除.

练习 7.18

1. 证明:(1)当 $n=4$ 时,四边形的对角线有 2 条,由 $f(4)=\frac{1}{2}\cdot 4(4-3)=2$ 知这个命题是成立的.

(2)假设当 $n=k(k\geqslant 4)$ 时命题成立,就是 k 边形的对角线条数 $f(k)=\frac{1}{2}k(k-3)$,我们来计算 $k+1$ 边形 $A_1A_2A_3\cdots A_kA_{k+1}$ 的对角线条数. 如答案图 1 所示,联结 A_1A_k,得到 k 边形 $A_1A_2\cdots A_k$ 和 $\triangle A_1A_kA_{k+1}$,因为 $k+1$ 边形比 k 边形增加了一个顶点 A_{k+1},因此 $k+1$ 边形对角线条数就是原来 k 边形对角线条数加上 A_{k+1} 到 $A_2,A_3,\cdots,A_{k-1}$ 连线的条数以及 A_1A_k,所以

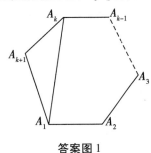

答案图 1

$$f(k+1)=\frac{k}{2}(k-3)+(k-1)$$
$$=\frac{1}{2}(k^2-k-2)$$
$$=\frac{1}{2}(k+1)(k-2)$$
$$=\frac{1}{2}(k+1)\big[(k+1)-3\big].$$

这就是说,如果当 $n=k(k\geqslant 4)$ 时,命题成立,那么当 $n=k+1$ 时,命题也成立,

根据(1)和(2)可以断定对于任何正整数 $n(n\geqslant 4)$,命题都成立.

2. 提示:假设当 $n=k(k\geqslant 2)$ 时命题成立,这就是说,平面内满足题设条件的任何 k 条直线的交点个数 $f(k)=\frac{1}{2}k(k-1)$. 现在考虑平面内有条直线的情况:如答案图 2 所示,在原有 k 条直线的基础上添加一条新直线 l,根据题设条件,l 必与原 k 条直线都相交,这就是产生 k 个新交点,由于这 k 个新交点不仅两两不相同,也与原 k 条直线所产生的 $\frac{1}{2}k(k-1)$ 个交点两两不相同,从而使平面内的交点个数增加为

$$\frac{1}{2}k(k-1)+k=\frac{1}{2}k(k+1)=\frac{1}{2}(k+1)\big[(k+1)-1\big].$$

答案图 2

这就是说,当 $n=k+1$ 时,命题也成立.

3. 解:
$$-1=-1$$
$$-1+3=2,$$
$$-1+3-5=-3$$
$$-1+3-5+7=4,$$

猜想
$$a_n=-1+3-5+\cdots+(-1)^n(2n-1)=(-1)^n\cdot n.$$
下面用数学归纳法证明上面猜想.

(1)当 $n=1$ 时,左边$=-1$,右边$=-1$,等式成立.

(2)假设当 $n=k$ 时等式成立,就是
$$-1+3-5+\cdots+(-1)^k(2k-1)=(-1)^k\cdot k.$$

那么

$$-1+3-5+\cdots+(-1)^k(2k-1)+(-1)^{k+1}[2(k+1)-1]$$
$$=(-1)^k\cdot k+(-1)^{k+1}[2(k+1)-1]$$
$$=(-1)^{k+1}(-k+2k+1)$$
$$=(-1)^{k+1}(k+1).$$

这就是说,当 $n=k+1$ 时,等式也成立.

根据(1)和(2)可知,等式对于任何正整数 n 都成立.

练一练

1. 由 $a_1+a_2+\cdots+a_9=9a_5$,$b_1+b_2+\cdots+b_9=9b_5$,代入已知等式即得 $\dfrac{a_5}{b_5}=\dfrac{65}{12}$.

2. $a_2+a_3+a_4=(a_1+a_2+a_3)q=-9$,代入 $a_1+a_2+a_3=18\Rightarrow q=-\dfrac{1}{2}$,

   $a_1+(-\dfrac{1}{2})a_1+(\dfrac{1}{2})^2a_1=18\Rightarrow a_1=24$,所以 $a_5=\dfrac{3}{2}$,$a_1a_2\cdots a_8=\dfrac{6\,561}{16}$.

3. 由 $\dfrac{2a+2}{a}=\dfrac{3a+3}{2a+2}\Rightarrow a=-4$,公比 $q=\dfrac{2a+2}{a}=\dfrac{3}{2}$,由 $(-4)(\dfrac{3}{2})^{n-1}=-\dfrac{27}{2}\Rightarrow n=4$.

4. 35.

5. $S_n=\dfrac{1}{2}(3^n-1)$ 或 $S_n=\dfrac{1}{2}[(-3)^n-1]$.

6. 32.

7. $S_n=\begin{cases}\dfrac{1-x^n}{(1-x)^2}-\dfrac{nx^n}{1-x} & (\text{当}\,x\neq1\,\text{时}),\\[2mm]\dfrac{1}{2}n(n+1) & (\text{当}\,x=1\,\text{时}).\end{cases}$

8. 提示：$\dfrac{1}{n(n+1)}=\dfrac{1}{n}-\dfrac{1}{n+1}$,代入 S_n 中各项可得 $S_n=\dfrac{n}{n+1}$.

9. 提示：$a_n=\underbrace{555\cdots5}_{n\uparrow}=\dfrac{5}{9}(10^n-1)$ 可得 $S_n=\dfrac{5}{81}(10^{n+1}-9n-10)$.

思考与探究　折纸中的数学

答：每次折完后纸的层数依次构成一个数列：$2,4,8,16,\cdots,2^{28}$,当折到第 28 次时有 2^{28} 层,总厚度等于 $10\,737$ m,比世界第一高峰——珠穆朗玛峰还高！一位科学家说过：你如果能将一张纸对折 38 次,你就能顺着它爬上月球.

思考与探究　等比数列模型（复利问题）

解：对于方案一,设每次付款额为 x_1 万元,第一次付款的本利和为 1.008^8x_1 万元,第二次付款的本利和为 1.008^4x_1 万元,第三次付款的本金为 x_1 万元（第三次付款不产生利息）,则

$$1.008^8x_1+1.008^4x_1+x_1=10\times1.008^{12},$$

$$\therefore x_1\cdot\dfrac{(1.008^4)^3-1}{1.008^4-1}=10\times1.008^{12},$$

$\therefore x_1 \approx 3.552($万元$)$.

付款总额为 $3 \times 3.552 \approx 10.66$ 万元.

对于方案二,设每次付款额为 x_2 万元,那么一年后,第一次付款的本利和为 $1.008^{11}x_2$ 万元,第二次付款的本利和为 $1.008^{10}x_2$ 万元,……第 12 次付款的本金为 x_2 万元.

则 $1.008^{11}x_2 + 1.008^{10}x_2 + \cdots + 1.008x_2 + x_2 = 10 \times 1.008^{12}$,

$\therefore x_2 \cdot \dfrac{1.008^{12}}{1.008^{-1}} = 10 \times 1.008^{12}$.

$\therefore x_2 \approx 0.8773($万元$)$.

付款总额为 $12 \times 0.8773 \approx 10.53($万元$) < 10.66($万元$)$,所以第二种方案付款总额较少.

第8章

排列、组合与概率

某校要从正在培训的 8 名钢琴选手中任选 3 名去参加比赛,问:

(1)有多少种不同的选法?

(2)如果要把这 3 名选手排好出场的先后次序再去参加比赛,有多少种不同的排法?

(3)某选手恰好被选中的可能性有多大?

要解决上述问题,就要用到本章学习的排列、组合和概率的知识.

排列与组合都是计算有关完成一件事的方法种数的知识,有着非常普遍的应用,同时它们又是学习概率的预备知识,而概率则是研究现实世界中某些事件发生可能性大小的一门学科,它是数学的一个重要分支,其理论和方法在科学技术的许多方面都有着广泛的应用.随着社会的发展,概率论的思想和方法将会渗透到我们生活中的各个方面,以至于我们每个人的生活和工作都可能需要它.

在本章,我们将学习排列、组合、二项式定理和概率的一些初步知识.

$(a+b)^1$ ·· 1　1

$(a+b)^2$ ·· 1　2　1

$(a+b)^3$ ·· 1　3　3　1

$(a+b)^4$ ·· 1　4　6　4　1

$(a+b)^5$ ·· 1　5　10　10　5　1

$(a+b)^6$ ·· 1　6　15　20　15　6　1

8.1 加法原理与乘法原理

8.1.1 加法原理

 思考：

从甲地到乙地,可以乘火车,也可以乘汽车.一天中,火车有 2 班,汽车有 4 班.那么,一天中乘坐这些交通工具从甲地到乙地共有多少种不同的走法?

解决这个问题时,可以按照乘坐交通工具的不同分成 2 类办法:①乘坐火车时有 2 种走法;②乘坐汽车时有 4 种走法.以上 2 类走法都不相同,并且都可以从甲地到乙地,除此之外不再有其他不同的走法.因此,一天中,乘坐这些交通工具从甲地到乙地所有不同的走法种数,应该是这 2 类办法中所有走法种数之和,由此得到不同的走法种数共有

$$2+4=6(种),$$

如图 8.1 所示.

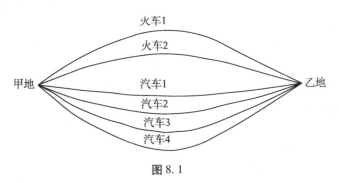

图 8.1

一般地,有如下原理:

加法原理 做一件事,完成它可以有 n 类办法,在第 1 类办法中有 m_1 种不同的方法,在第 2 类办法中有 m_2 种不同的方法……在第 n 类办法中有 m_n 种不同的方法.那么完成这件事共有

$$N=m_1+m_2+\cdots+m_n$$

种不同的方法.

例 8.1 书架上层放有 5 本不同的音乐书,下层放有 8 本不同的美术书.要从书架上任取一本书,有多少种不同的取法?

解：要完成"从书架上任取一本书"这件事,可以有 2 类办法:第 1 类办法是从书架上层取音乐书,可以从 5 本书中任取一本,有 5 种方法;第 2 类办法是从书架下层取美术书,可以从 8 本书中任取一本,有 8 种方法.根据加法原理,得到不同取法的种数是

$$N=m_1+m_2=5+8=13.$$

答:从书架上任取一本书,有 13 种不同的取法.

例 8.2 某班同学分成 3 个小组,第 1 组有三好学生 4 人,第 2 组有三好学生 2 人,第

3组有三好学生3人. 从该班中任选1名三好学生, 代表本班出席三好学生表彰会, 有多少种不同的选法?

解: 因为该班分3个小组, 所以, 从任何一个小组中选出1名三好学生出席表彰会, 就说明这件事完成. 从第1组选出1名时, 有4种选法; 从第2组选出1名时, 有2种选法; 从第3组选出1名时, 有3种选法. 根据加法原理, 得到不同选法的种数是

$$N = m_1 + m_2 + m_3 = 4 + 2 + 3 = 9.$$

答: 从该班中任选1名三好学生, 共有9种不同的选法.

练习 8.1

1. 编一道应用加法原理解答的题目.

2. 选择题:

(1) 有3幅不同的国画和5幅不同的水彩画, 从中任选1幅布置房间, 不同选法的种数是( ).

    A. 8   B. 15   C. 125   D. 243

(2) 从3名舞蹈教师、4名美术教师中推选1名代表去开会, 不同选法的种数是( ).

    A. 7   B. 12   C. 64   D. 81

3. 填空:

(1) 在读书活动中、1名儿童要从6本不同的故事书和9本不同的图画书中任选1本, 不同选法的种数是_____.

(2) 甲班有三好学生10人, 乙班有三好学生9人, 丙班有三好学生9人. 从这3个班中任选1名三好学生, 出席三好学生表彰会, 不同选法的种数是_____.

4. 从A地到B地, 可以乘飞机, 可以乘火车, 也可以乘汽车. 一天中, 飞机有2班, 火车有4班, 汽车有6班. 那么, 一天中乘坐这些交通工具从A地到B地, 共有多少种不同的走法?

8.1.2 乘法原理

思考:

从甲地到丙地, 中间必须经过乙地, 且已知从甲地到乙地有2条路可走, 由乙地到丙地有3条路可走, 那么由甲地经乙地到丙地, 共有多少种不同的走法?

如果用a_1, a_2分别表示从甲地到乙地的2条路, 用b_1, b_2, b_3分别表示从乙地到丙地的3条路(图8.2). 那么由图8.2中可以看出, 从甲地经乙地到丙地有且只有下面6种走法:

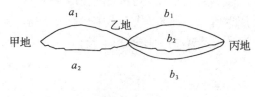

图8.2

$$a_1—b_1,a_1—b_2,a_1—b_3,$$
$$a_2—b_1,a_2—b_2,a_2—b_3.$$

显然,解决这个问题需要考虑 2 个步骤:第 1 步,先从由甲地到乙地的这 2 条路中任选 1 条,有 2 种走法;第 2 步,再从由乙地到丙地的这 3 条路中任选 1 条,有 3 种走法,而最后计算出来的不同走法的种数正好是这 2 个步骤中每一个步骤走法种数的乘积,即有

$$2\times3=6(种).$$

一般地,有如下原理:

乘法原理 做一件事,完成它需要分 n 个步骤,做第 1 步有 m_1 种不同的方法,做第 2 步有 m_2 种不同的方法……做第 n 步有 m_n 种不同的方法.那么完成这件事共有

$$N=m_1\times m_2\times\cdots\times m_n$$

种不同的方法.

例 8.3 书架上层放有 5 本不同的音乐书,下层放有 8 本不同的美术书,要从书架上任取音乐书和美术书各 1 本,有多少种不同的取法?

解:要完成"从书架上任取音乐书和美术书各 1 本"这件事,可以分成 2 个步骤.第 1 步,从书架上层取一本音乐书,有 5 种不同的取法;第 2 步,从书架下层取 1 本美术书,有 8 种不同的取法.根据乘法原理,得到不同取法的种数是

$$N=m_1\times m_2=5\times8=40.$$

答:从书架上任取音乐书和美术书各 1 本,共有 40 种不同的取法.

例 8.4 某校舞蹈课外活动小组中一年级有 8 人,二年级有 10 人,三年级有 11 人.

(1)选其中 1 人为总负责人,有多少种不同的选法?

(2)每个年级各选 1 名组长,有多少种不同的选法?

解:(1)要选其中 1 人为总负责人,可以有 3 类办法.第 1 类办法,从一年级学生中选,有 8 种不同的选法;第 2 类办法,从二年级学生中选,有 10 种不同的选法;第 3 类办法,从三年级学生中选,有 11 种不同的选法.根据加法原理,得到不同选法的种数是

$$N=m_1+m_2+m_3=8+10+11=29.$$

答:选其中一人为总负责人,共有 29 种不同的选法.

(2)依题意知,3 个年级各选 1 名组长分别有 8 种、10 种、11 种不同的选法,根据乘法原理,得到不同选法的种数是

$$N=m_1\times m_2\times m_3=8\times10\times11=880.$$

答:每个年级各选 1 名组长,共有 880 种不同的选法.

注:加法原理与乘法原理所研究的都是有关完成某一件事有多少种不同方法的问题.它们的区别在于:加法原理针对的是"分类"问题,如果完成一件事有 n 类办法,这 n 类办法彼此之间是相互独立的,无论哪一类办法中的哪一种方法都能单独完成这件事,求完成这件事方法的种数,就用加法原理;而乘法原理针对的是"分步"问题,如果完成一件事需要分 n 个步骤,各个步骤中的方法相互依存,只有每个步骤都完成才算完成这件事,求完成这件事方法的种数就用乘法原理.

1.编一道应用乘法原理解答的题目.

2.选择题:

(1)从甲、乙、丙3名同学中任选2名,参加某一天的一项活动,其中1名参加上午活动,1名参加下午活动,不同选法的种数是(   ).

    A.5　　B.6　　C.8　　D.9

(2)要从5名学生和2名老师中各选1名参加文艺晚会演出,不同选法的种数是(   ).

    A.7　　B.10　　C.25　　D.32

3.填空:

(1)甲班有三好学生8人,乙班有三好学生10人,现从这两个班中各选1名三好学生,参加三好学生表彰会,不同选法的种数是_____.

(2)有3幅不同的国画,5幅不同的水彩画,从这些国画、水彩画中各选1幅布置房间,不同选法的种数是_____.

4.从A地到B地有2条路可走,从B地到C地有3条路可走,从A地不经过B地到C地有2条路可走,从A地到C地共有多少种不同的走法?

8.2　排列

8.2.1　排列的概念

思考:

某班要从甲、乙、丙3名同学中选出2名,分别担任班长和副班长,一共有多少种不同的担任方式? 你能写出由3人中任选2人,分别担任班长和副班长的所有不同的担任方式吗?

要确定1种担任方式,需要分2个步骤:第1步,确定担任班长的同学,显然,从这3名同学中任选1名当班长(例如甲),有3种不同的方法;第2步,确定担任副班长的同学,当班长确定好之后,无论谁去当班长,再选另1名同学当副班长,就只能从余下的2名同学中任选1名(例如乙或丙),这样就只有2种方法.

于是,根据乘法原理,在3名同学中选出2名,1名担任班长,1名担任副班长,不同的担任方式共有

$$3\times2=6$$

种,如下所示.

班长	副班长	相应的排法
甲——	乙	甲乙
甲——	丙	甲丙
乙——	甲	乙甲
乙——	丙	乙丙
丙——	甲	丙甲
丙——	乙	丙乙

　　我们把上面问题中被取的对象(如同学)叫作元素. 那么,上面所提出的问题就可以看成是从 3 个不同元素中任取 2 个元素,然后按顺序排成一列的问题.

　　一般地,从 n 个不同元素中任取 $m(m \leqslant n)$ 个元素,按照一定的顺序排成一列,叫作从 n 个不同元素中取出 m 个元素的一个排列. 若 $m<n$,则称这样的排列为选排列;若 $m=n$(即 n 个元素全部取出的排列),则称这样的排列为全排列. 可见,全排列所有不同的排法中所含有的元素完全相同,只是元素排列的顺序不同.

 如何写出某个排列问题中的所有不同的排列.

　　要写出某个排列问题中的所有不同的排列,必须做到不重复不遗漏,一般可先画出树图,然后写出所有排列.

　　例 8.5　甲、乙、丙 3 名小朋友站成一排照相,试写出他们所有不同的站法.

　　解：要写出所有不同的站法,可先画出树图,如图 8.3 所示.

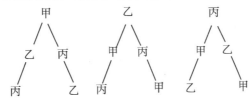

图 8.3

　　由此可以看出,这 3 名小朋友站成 1 排,不同的站法共有如下 6 种：

　　　　　　甲乙丙　　　甲丙乙
　　　　　　乙甲丙　　　乙丙甲
　　　　　　丙甲乙　　　丙乙甲

 从 1,2,3,4 这 4 个数字中每次取出 2 个所组成的 2 位自然数有多少个? 写出这些自然数.

　　从排列的定义可以知道,要得到一个排列,必须完成以下两个步骤：第 1 步,必须从 n 个不同元素中取出 m 个元素;第 2 步,将取出的 m 个元素按一定的顺序排成一列. 因此,如果两个排列相同,不仅这两个排列的元素完全相同,而且排列的顺序也必须完全相同. 例如,本节思考题中的"甲 乙"和"甲 丙"就是不同的排列. 即使所取的元素完全相同,但

由于排列的顺序不同,它们也是不同的排列.如上面例8.5中的排列"甲乙丙"和"乙丙甲"就是不同的排列.

知识链接

我国最早记载的排列组合问题

排列组合问题,最早见于我国的《易经》一书.所谓"四象"就是每次取两个爻的排列,"八卦"是每次取三个爻的排列.在汉代数学家徐岳的《数术记遗》(公元2世纪)中,也曾记载有与占卜有关的"八卦图",即把卦按不同的方法在八个方位中排列起来,它与"八个人围一张圆桌而坐,问有多少种不同坐法"这一典型的排列问题类似.

练习8.3

1.下列问题中,哪些是排列问题(不必计算).

(1)5名小朋友站成一排照相,共有多少种不同的站法?

(2)5名同学两两互相握手一次,共握手多少次?

(3)5名同学两两互相通信一封,共写多少封信?

(4)5名同学中选出2名,分别担任组长和副组长,有多少种不同的担任方法?

2.选排列和全排列有什么区别? 分别举出选排列和全排列的一个实例.

3.有红、黄、蓝3块不同颜色的积木,某小朋友要把它们摆成一排,试写出所有不同的摆法,并说出不同的摆法有多少种.

4.某班要从甲、乙、丙、丁4名同学中选出2名分别担任班长和副班长,试写出所有不同的担任方式.

8.2.2 排列数公式

从 n 个不同元素中取出 $m(m \leqslant n)$ 个元素的所有排列的个数, 叫作从 n 个不同元素中取出 m 个元素的排列数, 用符号 A_n^m 表示(A 是排列的英文 Arrangement 的第一个字母).

例如, 8.2.1 节思考问题中所提到的问题, 就是求从 3 个不同元素中取出 2 个元素的排列数, 它表示为 A_3^2. 已经算得 $A_3^2 = 6$. 从 5 个不同元素中任取 3 个元素的排列数表示为 A_5^3.

 A_6^2 是什么意思? 你能用什么方法计算 A_6^2 呢?

要求出排列数 A_6^2, 可以这样考虑: 假如有排好顺序的 2 个空位(图8.4), 从不同的 6 个元素 $a_1, a_2, a_3, a_4, a_5, a_6$ 中任取 2 个去填空, 1 个空位填 1 个元素, 每一种填法就得到 1 个排列; 反过来, 任 1 个排列总可以由1 种填法得到. 因此, 所有不同填法的种数就是从 6 个不同元素中取出 2 个元素的排列数 A_6^2.

现在我们计算有多少种不同的填法. 要完成填空这件事可以分 2 个步骤: 第 1 步, 先填第 1 个位置上的元素, 可以从这 6 个元素中任取一个填上, 有 6 种方法; 第 2 步, 确定填在第 2 个位置上的元素, 可以从剩下的 5 个元素中任取一个填上, 有 5 种方法.

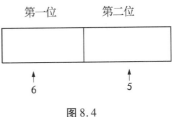

图 8.4

于是, 根据乘法原理, 得到
$$A_6^2 = 6 \times 5 = 30.$$

同样方法, 求排列数 A_6^3 可以按依次填 3 个空位来考虑, 得到
$$A_6^3 = 6 \times 5 \times 4 = 120.$$

由此, 我们可以类似得到
$$A_n^2 = n(n-1),$$
$$A_n^3 = n(n-1)(n-2).$$

 应该如何求排列数 $A_n^m (m \leqslant n)$ 呢?

要求排列数 A_n^m, 可以按依次填 m 个空位来考虑:

假定有排好顺序的 m 个空位(图8.5), 从 n 个不同元素 $a_1, a_2, \cdots, a_n$ 中任意取出 m 个去填空, 一个空位填 1 个元素, 每一种填法就得到一个排列; 反过来, 任一个排列总可以由一种填法得到. 因此, 所有不同填法的种数就是排列数 A_n^m.

现在计算共有多少种不同的填法:

第 1 步, 第 1 位可以从 n 个元素中任选 1 个填上, 共有 n 种填法;

第 2 步, 第 2 位只能从余下的 $n-1$ 个元素中任选 1 个填上, 共有 $n-1$ 种填法;

第 3 步, 第 3 位只能从余下的 $n-2$ 个元素中任选 1 个填上, 共有 $n-2$ 种填法;

......

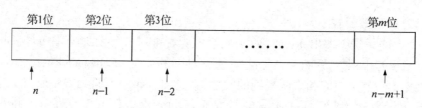

图 8.5

第 m 步,当前面的 $m-1$ 个空位都填上后,第 m 位就只能从余下的 $n-(m-1)$ 个元素中任选一个填上,共有 $n-m+1$ 种填法.

根据乘法原理,全部填满 m 个空位共有

$$n(n-1)(n-2)\cdots(n-m+1)$$

种填法.

由以上分析,我们得到排列数的计算公式

$$A_n^m = n(n-1)(n-2)\cdots(n-m+1).$$

这里 $m,n \in \mathbf{N}^*$,并且 $m \leqslant n$. 这个公式叫作排列数公式. 其中,公式右边的第一个因数是 n,后面的每个因数都比它的前一个因数少 1,最后一个因数为 $n-m+1$,共有 m 个因数相乘.

例如

$$A_4^2 = 4 \times 3 = 12,$$

$$A_7^3 = 7 \times 6 \times 5 = 210.$$

在排列数公式

$$A_n^m = n(n-1)(n-2)\cdots(n-m+1)$$

中,如果 $m=n$,即排列为全排列时,相应的排列数公式为

$$A_n^n = n(n-1)(n-2)\cdots \times 3 \times 2 \times 1.$$

这说明,n 个不同元素全部取出的排列数等于正整数 $1 \sim n$ 的乘积,叫作 n 的阶乘,用 $n!$ 表示. 所以 n 个不同元素的全排列数公式可以写成

$$A_n^n = n!.$$

因为

$$(n-m)(n-m-1)\cdots \times 3 \times 2 \times 1 = (n-m)!,$$

所以排列数公式还可以写成

$$A_n^m = \frac{n!}{(n-m)!}.$$

注: 我们规定

$$0! = 1.$$

例 8.6 计算:$(1) A_9^2$; $(2) A_5^5$.

解: $(1) A_9^2 = 9 \times 8 = 72.$

$(2) A_5^5 = 5! = 5 \times 4 \times 3 \times 2 \times 1 = 120.$

例 8.7 某校要从 4 名学生干部中选出 2 名,分别参加某市"生态"和"环保"两个夏令营,不同的参加方案有多少种?

解：要确定一种参加方案，只要"生态"和"环保"两个夏令营各参加 1 人即可. 如果把 4 名学生干部看成 4 个元素，则从 4 个不同元素中每取出 2 个元素的一个排列，就对应一种参加方案. 因此，不同参加方案的种数就是排列数 A_4^2，即

$$A_4^2 = 4 \times 3 = 12.$$

答：不同的参加方案有 12 种.

例 8.8　要排出某班星期一上午语文、数学、美术、舞蹈 4 堂课的课程表，如果要求舞蹈课排在第 4 节，有多少种不同的排法？

解：先排舞蹈课，因为它只能排在第 4 节，所以只有 1 种排法，再排余下的 3 门课有 A_3^3 种排法，由乘法原理得到不同排法的种数是

$$A_3^3 = 3 \times 2 \times 1 = 6.$$

答：如果要求舞蹈课排在第 4 节，有 6 种不同的排法.

想一想　你还能用其他的方法解答上面的问题吗？试着做一做.

例 8.9　(本章开篇的问题)某校要从正在培训的 8 名钢琴演奏者中任选 3 名，并排好先后的出场顺序去参加比赛，共有多少种不同的参赛方法？

解：如果把 8 名钢琴演奏者看成 8 个不同元素，从 8 名演奏者中选出 3 名排好先后的出场顺序去参加比赛，则每一种排法都对应着从 8 个不同元素中任取 3 个元素的一个排列，因此，不同参赛方式的种数就是从 8 个不同元素中任取 3 个元素的排列数. 即

$$A_8^3 = 8 \times 7 \times 6 = 336.$$

答：一共有 336 种不同的参赛方式.

思考与探究

如何排列最合理

将以下 6 个句子重新排列组合：①一个人从出生到老死，一生都经历着审美发展. ②相对于个体审美发展的阶段性，审美教育也具有阶段性. ③也就是说，审美教育伴随着人的一生. ④然而，由于人的生理和心理在一生的不同时期具有不同的特点. ⑤个体的审美发展是一个完整的过程. ⑥所以，个体的审美发展也就呈现出阶段性.

A. ⑤①③④②⑥

B. ①⑤③②④⑥

C. ⑤①③④⑥②

D. ①③⑤②④⑥

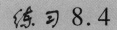

1. 计算：(1) A_4^2；　　(2) A_6^6；　　(3) A_7^3；　　(4) $A_9^2+A_9^3$.

2. 填空：

（1）某班星期三下午两节课只能上舞蹈、美术、体育这三科中的任意两科，那么这天下午的课表排法的种数是_____.

（2）某校要从 4 名学生干部中，选出 2 名分别参加某市"资源""环保"两个夏令营，不同参加方案的种数是_____.

3. 4 名学生排成一排照相，共有多少种不同的排法？

4. 某班从 5 位同学中选出 3 名分别担任班长、副班长和团支书，不同的担任方法有多少种？

5. 某校要从三年级的 8 个班中任选 2 个班，分别到该市甲、乙两所幼儿园实习，有多少种不同的实习方案？

6. 如图所示，从 5 种颜色中选出 2 种，分别涂在下图的两个空格中，有多少种不同的涂法？

第 6 题图

8.3　组合

8.3.1　组合的概念

思考：

某班要从甲、乙、丙 3 名同学中任选 2 名，作为代表出席一个会议，共有多少种不同的选法？写出其结果，并说明这一问题与 8.2 节开始提到的思考问题有什么不同？

很明显，从 3 名同学中选出 2 名，不同的选法有 3 种：

$$甲、乙；\quad 乙、丙；\quad 丙、甲.$$

它和 8.2 节开始提出的问题有着本质的区别，8.2 节开始提出的问题是从甲、乙、丙三名同学中选出 2 名，1 名担任班长，1 名担任副班长. 由于"甲当班长，乙当副班长"与"乙当班长，甲当副班长"是两种不同的担任方式，也就是与顺序有关，因此，这个问题是从 3 个不同元素中任取 2 个元素并按照一定的顺序排列，求一共有多少种不同的排列方法的问题，它属于排列问题.

而本节提出的思考问题，是从 3 名同学中任意选出 2 名出席一个会议，所选出的 2 名同学之间并无顺序关系，因而它是从 3 个不同元素中取出 2 个元素，不管怎样的顺序并成一组，求一共有多少个不同的组，这就是这节所要研究的组合问题.

一般地，从 n 个不同元素中，任取 $m(m \leqslant n)$ 个元素并成一组，叫作从 n 个不同元素中取出 m 个元素的一个组合.

上面的问题,就是求从 3 个不同元素中取出 2 个元素的所有组合的个数问题.

例 8.10 某班有甲、乙、丙、丁 4 名优秀团员,现从中任选 2 名代表本班参加优秀团员表彰会,试写出所有不同的选法结果.

解: 从这 4 名优秀团员中每选出 2 名就对应 1 个组合,因此它是一个组合问题.要写出所有的组合,可以先画出示意图,如图 8.6 所示.

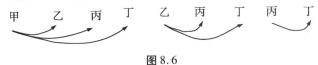

图 8.6

由此可写出所有的组合:

$$甲乙,甲丙,甲丁,乙丙,乙丁,丙丁.$$

即共有 6 种不同的组合.

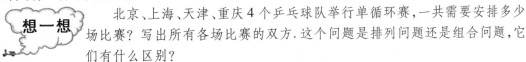

想一想

北京、上海、天津、重庆 4 个乒乓球队举行单循环赛,一共需要安排多少场比赛?写出所有各场比赛的双方.这个问题是排列问题还是组合问题,它们有什么区别?

由排列和组合的定义可以知道:排列与元素的顺序有关,它是先取后排的结果,所以排列本身是含有组合的步骤的.而组合与元素的顺序无关,它只是选取后的结果.因此如果两个组合中的元素完全相同,不管元素的顺序如何,它们就是相同的组合,只有当两个组合中的元素不完全相同时才是不同的组合.例如上例中的甲乙和乙甲是两个不同的排列,但它们却是相同的组合.

应用赏析

邮政编码的含义

邮政编码(英文:postcode)是邮电部门为实现邮政现代化而采取的一项措施.1963 年 6 月,邮政编码在美国诞生,用以应对当时急速增长的邮件寄递需求,目的是实现邮件分拣自动化和邮政网络数字化,加快邮件的传递速度和准确性.

目前世界上已有 40 多个国家先后实行了邮政编码制度.各国邮政编码规则并不统一.我国的邮政编码全都是六位数,第一、二位代表省份或直辖市,第三、四位代表地、市、州,第五、六位代表一个县.一个镇或者一个居住的小区.如 226156:

第一位数字"2"——通信人所在大区"华东".

第二个数字"2"——省份"江苏".

第三位数字"6"——邮区"南通".

第四位数字"1"——县"海门".

最后两位数字"56"——投递局"东兴支局".

练习 8.5

1. 下列问题是排列问题,还是组合问题(不必计算)?

(1)从 4 名同学中选出 2 名,作为代表参加一个会议,共有多少种不同的选法?

(2)从 4 名同学中选出 2 名,分别担任班长和团支书,共有多少种不同的担任方法?

(3)4 名同学进行乒乓球单循环比赛(即每 2 人比赛 1 场),一共比赛多少场?

(4)4 名同学毕业时两两相互赠送纪念品 1 件,共需要准备多少件纪念品?

2. 已知平面内 A,B,C,D 4 个点中,任意 3 点都不在同一条直线上,写出由每 3 个点为顶点的所有三角形.

3. 某学生要从舞蹈、音乐、美术三门选修课中任选 2 门,试写出他的所有可能的选法结果.

4. 郑州、洛阳、开封 3 个大学生辩论队举行单循环赛.

(1)写出所有赛场比赛的双方;

(2)写出所有冠、亚军的可能情况.

8.3.2 组合数公式

从 n 个不同元素中取出 $m(m \leqslant n)$ 个元素的所有组合的个数,叫作从 n 个不同元素中取出 m 个元素的组合数,用符号 C_n^m 表示.(C 是组合的英文 Combination 的第一个字母)

例如,本节开始所提出的思考问题就是求从 3 个不同元素中每次取出 2 个元素的组合数,即 $C_3^2 = 3$;从 7 个不同元素中每次取出 5 个元素的组合数表示为 C_7^5;C_{10}^6 就是从 10 个不同元素中每次取出 6 个元素的组合数.

想一想 从 a,b,c 这 3 个不同元素中,取出 2 个元素的排列数和组合数分别是多少?你是怎样计算的?

从 3 个不同元素 a,b,c 中取出 2 个元素的排列有

$$ab,ba,ac,ca,bc,cb.$$

其中的 ab 和 ba,ac 和 ca,bc 和 cb 虽然所含的元素相同,但排列的顺序不同,算作不同的排列.但是,从 a,b,c 这 3 个不同元素中取出 2 个元素的组合只有

$$ab,ac,bc.$$

其中 ab 和 ba 只能算一种 ,ac 和 ca 只能算一种 ,bc 和 cb 只能算一种.

由此可以看出,对于相应的每一个组合都有 A_2^2 个不同的排列.因此,求从 3 个不同元素中取出 2 个元素的排列数 A_3^2,可以按照下面的方法分两步完成:

第 1 步,从 3 个不同元素中取出 2 个元素作组合,共有 C_3^2 个,即

$$ab,ac,bc.$$

第 2 步,对每一个组合中的 2 个元素作全排列,每一组合对应的全排列都是 A_2^2 个,即

$$ab,ba;ac,ca;bc,cb.$$

根据乘法原理,得到

$$A_3^2 = C_3^2 \cdot A_2^2,$$

所以
$$C_3^2 = \frac{A_3^2}{A_2^2}.$$

用类似的方法,可以求出从 4 个不同元素中,取出 3 个元素的组合数是
$$C_4^3 = \frac{A_4^3}{A_3^3}.$$

 如何计算组合数 $C_n^m (m \leqslant n)$ 呢?你能仿照上述类似的方法求出 C_n^m 吗?

一般地,求从 n 个不同元素中取出 m 个元素的排列数 A_n^m,可分成以下两个步骤完成:

第 1 步,先求出从 n 个不同元素中取出 m 个元素的组合数 C_n^m;

第 2 步,求每一个组合中 m 个元素的全排列数 A_m^m.

根据乘法原理,得到
$$A_n^m = C_n^m \cdot A_m^m,$$

因此
$$C_n^m = \frac{A_n^m}{A_m^m} = \frac{n(n-1)(n-2)\cdots(n-m+1)}{m!}.$$

这里 $m, n \in \mathbf{N}^*$,并且 $m \leqslant n$. 这个公式叫作组合数公式.

例如
$$C_4^2 = \frac{A_4^2}{A_2^2} = \frac{4 \times 3}{2 \times 1} = 6.$$

因为
$$A_n^m = \frac{n!}{(n-m)!},$$

所以上面的组合数公式还可以写成
$$C_n^m = \frac{n!}{m!(n-m)!}.$$

例 8.11 计算:(1) C_5^2; (2) C_6^3.

解:(1) $C_5^2 = \frac{5 \times 4}{2 \times 1} = 10.$

(2) $C_6^3 = \frac{6 \times 5 \times 4}{3 \times 2 \times 1} = 20.$

例 8.12 (本章开篇中的问题)某校要从正在培训的 8 名钢琴演奏者中任选 3 名去参加比赛,共有多少种不同的选法?

解:把 8 名钢琴演奏者看成 8 个不同元素,则从 8 名钢琴演奏者中任选 3 名的不同选法,就是从这 8 个不同元素中任取 3 个元素的组合数,即

$$C_8^3 = \frac{8 \times 7 \times 6}{3 \times 2 \times 1} = 56.$$

答：从 8 名钢琴演奏者中任选 3 名去参加比赛，共有 56 种不同的选法．

例 8.13 为了参加学校的文艺晚会，某班决定从爱好唱歌的 9 名同学中选出 4 名参加小合唱节目，不同的选法有多少种？

解： 从 9 名同学中选出 4 名参加小合唱节目，不同选法的种数就是从 9 个不同元素中任取 4 个元素的组合数，也就是

$$C_9^4 = \frac{9 \times 8 \times 7 \times 6}{4 \times 3 \times 2 \times 1} = 126.$$

答： 不同的选法有 126 种．

应用赏析

身份证编码的含义

居民身份证号码，是指用来证明居民身份的证件的编码．中华人民共和国居民身份证的号码是按照国家的标准编制的，由 18 位组成，每个人的居民身份证号码都是唯一的．①第 1、2 位数字表示：所在省份的代码；②第 3、4 位数字表示：所在城市的代码；③第 5、6 位数字表示：所在区县的代码；④第 7～14 位数字表示：出生年、月、日；⑤第 15、16 位数字表示：所在地的派出所的代码；⑥第 17 位数字表示性别：奇数表示男性，偶数表示女性；⑦第 18 位数字是校检码，用来检验身份证的正确性．它是前面 17 位的加权和除以 11 得到的余数，如果余数是 10，则用 x 表示（在罗马数字里 x 表示 10）．

练习 8.6

1．计算：

(1) C_4^2；(2) $C_3^1 + C_3^2$；(3) C_6^4；(4) C_{10}^3．

2．填空：

（1）从 5 名同学中任选 2 名，作为代表参加一个会议，不同选法的种数是_____．

（2）平面内 A，B，C，D 这 4 个点中，任意 3 个点不共线，过每 2 个点连线，可作直线的条数是_____．

3．某校举行排球单循环比赛，共 8 个队参加，一共比赛多少场？

4．从 7 个舞蹈节目中选出 3 个参加元旦晚会演出，共有多少种不同的选法？

5．某校开设 6 门选修课，要求每位学生要从中任选 3 门，共有多少种不同的选法？

6．口袋中有 9 件不同的玩具，现从中任取 2 件送给 1 名儿童，共有多少种不同的取法？

8.3.3 组合数的两个性质

例 8.14 某班美术学习小组有 6 名同学.

(1)从中选出 4 名参加简笔画比赛,有多少种不同的选法?

(2)从中选出 2 名参加剪纸比赛,有多少种不同的选法?

解:(1)$C_6^4 = \dfrac{6 \times 5 \times 4 \times 3}{4 \times 3 \times 2 \times 1} = 15$;

$\qquad$(2)$C_6^2 = \dfrac{6 \times 5}{2 \times 1} = 15$.

即选取出 4 人参加简笔画比赛与选出 2 人去参加剪纸比赛的选法都是 15 种.

从这个例题看出:从 6 个不同元素中取出 4 个元素的组合数和取出 $6-4=2$ 个元素的组合数是相等的,即有

$$C_6^4 = C_6^2.$$

 通过上面的计算你能发现什么结论? 这些结论具有一般性吗?

性质 1 $C_n^m = C_n^{n-m}$.

证明:根据组合数公式有

$$C_n^m = \frac{n!}{m!\,(n-m)!},$$

$$C_n^{n-m} = \frac{n!}{(n-m)!\,[n-(n-m)]!}$$

$$= \frac{n!}{m!\,(n-m)!},$$

所以 $\qquad\qquad\qquad\qquad\qquad C_n^m = C_n^{n-m}$.

这个性质可以从组合的定义得出:从 n 个不同元素中取出 m 个元素并成一组后,剩下的 $n-m$ 个元素相应地也构成了一个组合. 这就是说,从 n 个不同元素中取出 m 个元素的每一个组合,与剩下的 $n-m$ 个元素的每一个组合一一对应. 所以,从 n 个不同元素中取出 m 个元素的组合数,等于从 n 个不同元素中取出 $n-m$ 个元素的组合数,即

$$C_n^m = C_n^{n-m}.$$

注:

$$C_n^0 = 1.$$

例 8.15 计算(1)C_9^7; $\qquad$(2)C_{20}^{19}.

解:由性质 1 得

(1)$C_9^7 = C_9^{9-7} = C_9^2 = \dfrac{9 \times 8}{2 \times 1} = 36$.

(2)$C_{20}^{19} = C_{20}^{20-19} = C_{20}^1 = 20$.

性质 2 $C_{n+1}^m = C_n^m + C_n^{m-1}$.

证明：根据组合数公式有

$$C_n^m + C_n^{m-1}$$

$$= \frac{n!}{m!\,(n-m)!} + \frac{n!}{(m-1)!\,[n-(m-1)]!}$$

$$= \frac{n!\,(n-m+1) + n!\,m}{m!\,(n-m+1)!}$$

$$= \frac{(n-m+1+m)\,n!}{m!\,(n+1-m)!}$$

$$= \frac{(n+1)!}{m!\,[(n+1)-m]!},$$

$$= C_{n+1}^m,$$

所以 $$C_{n+1}^m = C_n^m + C_n^{m-1}.$$

这个性质也可以根据组合的定义和加法原理得出. 从 $a_1, a_2, \cdots, a_{n+1}$ 这 $n+1$ 个不同元素中，取出 m 个元素的组合数是 C_{n+1}^m，这些组合可分两类：一类包含 a_1，这就相当于是从 $a_2, a_3, \cdots, a_{n+1}$ 这 n 个元素中取出 $m-1$ 个元素与 a_1 组成的，这样的组合共有 C_n^{m-1} 个；另一类不含 a_1，这就相当于是从 $a_2, a_3, \cdots, a_{n+1}$ 这 n 个元素中取出 m 个元素组成的，这样的组合共有 C_n^m 个，根据加法原理，得到

$$C_{n+1}^m = C_n^m + C_n^{m-1}.$$

例 8.16 计算：$C_{99}^3 + C_{99}^2$.

解：由性质 2 得

$$C_{99}^3 + C_{99}^2 = C_{100}^3 = \frac{100 \times 99 \times 98}{3 \times 2 \times 1} = 161\ 700.$$

练习 8.7

1. 判断下列各式是否成立？

(1) $C_6^5 = C_6^4$； (2) $C_{100}^{98} = C_{100}^2$；

(3) $C_9^6 + C_9^7 = C_9^8$； (4) $C_5^2 + C_5^3 = C_6^3$.

2. 计算 C_5^2 和 C_5^3，验证性质 1.

3. 计算：(1) C_8^6； (2) $C_9^7 + C_9^8$；

   (3) C_{10}^9； (4) C_{100}^{98}.

4. 现有 10 元、50 元、100 元的纸币各 1 张，问可以组成多少种不同的币值？

*8.4 二项式定理

下面来研究 $(a+b)^n$ 的展开式，这里 $n \in \mathbf{N}^*$.

我们知道：

$(a+b)^1 = a+b = C_1^0 a + C_1^1 b.$

$$(a+b)^2 = a^2+2ab+b^2 = C_2^0 a^2 + C_2^1 ab + C_2^2 b^2.$$
$$(a+b)^3 = a^3+3a^2b+3ab^2+b^3 = C_3^0 a^3 + C_3^1 a^2 b + C_3^2 ab^2 + C_3^3 b^3.$$

 思考：

$(a+b)^4 = ?$

通过计算得到
$$(a+b)^4 = C_4^0 a^4 + C_4^1 a^3 b + C_4^2 a^2 b^2 + C_4^3 ab^3 + C_4^4 b^4 = a^4 + 4a^3 b + 6a^2 b^2 + 4ab^3 + b^4.$$
用归纳推理的方法可以得到
$$(a+b)^n = C_n^0 a^n + C_n^1 a^{n-1} b + \cdots + C_n^r a^{n-r} b^r + \cdots + C_n^n b^n \quad (n \in \mathbf{N}^*).$$

这个公式表示的定理叫作二项式定理，公式右边的多项式叫作$(a+b)^n$的二项展开式，它共有 $n+1$ 项，其中各项的系数 $C_n^0, C_n^1, \cdots, C_n^n$ 叫作二项式系数. 式中的 $C_n^r a^{n-r} b^r$ 叫作二项展开式的通项，用 T_{r+1} 来表示，即通项为展开式的第 $r+1$ 项
$$T_{r+1} = C_n^r a^{n-r} b^r.$$
在二项式定理中，如果设 $a=1, b=x$，则得到公式
$$(1+x)^n = C_n^0 + C_n^1 x + C_n^2 x^2 + \cdots + C_n^r x^r + \cdots + C_n^n x^n.$$

例 8.17 展开 $(x+2)^4$.

解： $(x+2)^4 = C_4^0 x^4 + C_4^1 x^3 \cdot 2 + C_4^2 x^2 \cdot 2^2 + C_4^3 x \cdot 2^3 + C_4^4 2^4$
$$= x^4 + 8x^3 + 24x^2 + 32x + 16.$$

例 8.18 展开 $(1-x)^3$.

解： $(1-x)^3 = [1+(-x)]^3.$
$$= C_3^0 + C_3^1 (-x)^1 + C_3^2 (-x)^2 + C_3^3 (-x)^3$$
$$= 1 - 3x + 3x^2 - x^3.$$

例 8.19 求 $(2x+1)^6$ 展开式中的第 3 项.

解： 由公式 $T_{r+1} = C_n^r a^{n-r} b^r$ 可得，$(2x+1)^6$ 展开式中的第 3 项是
$$T_{2+1} = C_6^2 (2x)^{6-2} \cdot 1^2 = C_6^2 \cdot 2^4 x^4 = 240x^4.$$

练习 8.8

1. 写出 $(p+q)^4$ 的展开式.
2. 用二项式定理展开 $(x+1)^5$.
3. 用二项式定理展开 $(x-2)^3$.
4. 求 $(2a+3)^5$ 展开式中的第 4 项.

二项式系数的性质

我们把二项展开式中的二项式系数按如下的方法排列出来：

$(a+b)^1$ $\quad\cdots\cdots\cdots\cdots\cdots\cdots\cdots\cdots\cdots\cdots\cdots\cdots$ 1　1

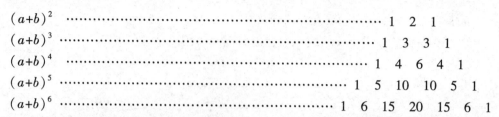

$(a+b)^2$ ······································· 1　2　1

$(a+b)^3$ ······································· 1　3　3　1

$(a+b)^4$ ······································· 1　4　6　4　1

$(a+b)^5$ ······································· 1　5　10　10　5　1

$(a+b)^6$ ······································· 1　6　15　20　15　6　1

上面右边有这样的规律：每行两端都是 1，而且除 1 以外的每个数都等于它肩上的两个数之和. 类似这样的图表，早在我国南宋时期数学家杨辉 1261 年所著的《详解九章算法》一书中就已经出现了，我们称这个表为杨辉三角. 在欧洲，一般都认为这张表是法国数学家帕斯卡于 1654 年首先发现的，所以他们把这张表叫作"帕斯卡三角".

 想一想　杨辉三角具有什么特征？你能从中看出二项式系数具有哪些性质？

由杨辉三角可以看出，二项式系数具有下列性质：

（1）在二项展开式中，与首末两端"等距离"的两项的二项式系数相等. 由组合数性质 $C_n^m = C_n^{n-m}$ 也可以得出这一点.

（2）除每行两端的 1 以外，每个数都等于它肩上的两个数之和，即

$$C_{n+1}^m = C_n^m + C_n^{m-1}.$$

（3）当二项式的幂指数是偶数时，中间一项的二项式系数最大；当二项式的幂指数是奇数时，中间两项的二项式系数相等且最大.

例 8.20　求 $(x+1)^6$ 的展开式中二项式系数最大的项.

解：因为二项式的幂指数是偶数 6，所以展开式共 7 项，由二项式系数的性质知，中间一项的二项式系数最大，即第 4 项的二项式系数最大. 所以，所求的这一项为

$$T_{3+1} = C_6^3 x^3 = 20x^3.$$

例 8.21　求证 $C_n^0 + C_n^1 + C_n^2 + \cdots + C_n^n = 2^n$.

证明：在 $(1+x)^n = C_n^0 + C_n^1 x + C_n^2 x^2 + \cdots + C_n^n x^n$ 中，令 $x=1$ 即得

$$C_n^0 + C_n^1 + C_n^2 + \cdots + C_n^n = 2^n.$$

这就是说，在 $(a+b)^n$ 的展开式中，所有二项式系数的和等于 2^n.

知识链接

南宋数学家杨辉成就简介

杨辉（约 1238 年—约 1298 年），字谦光，钱塘（今浙江杭州）人，是中国南宋时的数学家. 他著有《详解九章算法》12 卷、《日用算法》2 卷、《乘除通变算宝》3 卷、《田亩比类乘除捷法》2 卷、《续古摘奇算法》2 卷及《九章算法纂类》等多本算法的著作. 另一方面，他在宋度宗咸淳年间的两本著作里，亦有提及当时南宋的土地价格. 这些资料亦对后世史学家了解南宋经济发展有很重要的帮助.

杨辉在著作中收录了不少现已失传的、古代各类数学著作中很有价值的算题和算法,保存了许多十分宝贵的宋代数学史料.他对任意高次幂的开方计算、二项展开式、高次方程的求解、高阶等差级数、纵横图等问题,都有精到的研究.杨辉十分留心数学教育,并在自己的实践中贯彻其教育思想.杨辉更对于垛积问题(高阶等差级数)及幻方作过详细的研究.在《乘除通变算宝》中,杨辉创立了"九归"口诀,介绍了筹算乘除的各种速算法等.在《续古摘奇算法》中,杨辉列出了各式各样的纵横图(幻方),它是宋代研究幻方和幻圆的最重要的著述.杨辉对中国古代的幻方,不仅有深刻的研究,而且还创造了一个名为攒九图的四阶同心幻圆和多个连环幻圆.

练习8.9

1. 求 $(a+3)^3$ 展开式中二项式系数最大的项.

2. 求 $(1+x)^4$ 展开式中二项式系数最大的项.

3. 计算: $C_4^0+C_4^1+C_4^2+C_4^3+C_4^4$.

4. 求 $(x-1)^6$ 展开式中二项式系数最大的项.

8.5 随机事件的概率

8.5.1 随机事件及其概率

在日常生活中,我们会遇到许多事件,有些事件在一定的条件下必然会发生.例如,在标准大气压下,水加热到100 ℃时必然会沸腾;抛掷一块石头,它必然会下落;地球绕着太阳转,月亮绕着地球转.这种在一定的条件下必然要发生的事件叫作必然事件.有些事件在一定的条件下必然不会发生.例如,在标准大气压下,水加热到60 ℃时会沸腾;在地球上以5 m/s的速度抛出一块石头,它会飞向太空;某人骑自行车的速度能赶上神舟六号飞船的速度. 这种在一定的条件下不可能发生的事件, 叫作不可能事件.

必然事件和不可能事件统称为确定性事件.

另外, 还有一些事件是在一定的条件下可能发生, 也可能不发生. 例如, 抛掷一枚硬币可能正面向上, 也可能反面向上; 一粒种子在一定的条件下可能发芽, 也可能不发芽; 你购买的本期福利彩票可能中奖, 也可能不中奖. 这就是说, "掷一枚硬币, 正面向上" "在一定的条件下, 一粒种子发芽" "购买一张福利彩票, 中奖" 等事件在一定的条件下是否发生事先不能确定, 这种在一定的条件下可能发生也可能不发生的事件, 叫作随机事件(也叫作偶然事件).

随机事件通常用大写英文字母 A, B, C 等表示.

随机事件在一次试验(即将事件的条件实现一次)中是否发生虽然不能事先确定, 但在相同条件下, 进行大量的重复试验时, 随机事件的发生往往有一些规律性, 即事件出现的百分率与某个常数接近.

例如, 在相同的条件下, 人们对某种小麦种子进行发芽试验, 其结果如表 8.1 所示.

表 8.1　某种小麦种子在相同条件下的发芽试验结果表

项目	各项目数量									
每批粒数 n	2	5	10	100	200	400	600	1 500	2 000	3 000
发芽的粒数 m	2	4	9	85	176	364	543	1 353	1 806	2 712
发芽的频率 $\frac{m}{n}$	1	0.8	0.9	0.85	0.88	0.91	0.905	0.902	0.903	0.904

从表 8.1 可以看出, 当试验的粒数很多时, 小麦种子发芽的频率接近于 0.9, 在它附近摆动.

现在做如下试验: 把一枚硬币抛掷多次, 观察其出现的结果, 并记录各结果出现的频数, 然后计算频率. (可 3 人一组, 1 人抛, 1 人观察, 1 人记录填表 8.2)

表 8.2　记录表

抛掷次数	试验结果	频数	频率
	正面向上		
	反面向上		

根据试验回答下列问题:

(1)在 1 次试验中出现了几种结果?

(2)1 次试验中的每个试验结果固定吗? 有无规律?

(3)如果允许你做大量重复试验, 你认为结果又如何呢?

随着试验次数的增多, 可以发现正面向上的次数与抛掷硬币总的次数之比大体上是 1 : 2. 历史上曾有人做过抛掷硬币的大量重复试验, 其结果如表 8.3 所示.

表 8.3　抛掷硬币试验结果表

抛掷次数(n)	正面向上次数(频数 m)	频率($\frac{m}{n}$)
2 048	1 061	0.518 1
4 040	2 048	0.506 9
12 000	6 019	0.501 6
24 000	12 012	0.500 5
30 000	14 984	0.499 6
72 088	36 124	0.501 1

从表 8.2 可以看到,当抛掷硬币的次数很多时,出现正面向上的频率值是相对稳定的,接近于常数 0.5,在它附近摆动.

一般地,在大量重复进行同一试验时,事件 A 发生的频率 $\frac{m}{n}$ 总是接近于某个常数,在它附近摆动,这时就把这个常数叫作事件 A 发生的概率.简称为事件 A 的概率.记作 P(A).(P 是概率的英文 Probability 的第一个字母)

概率从数量上反映了一个事件发生的可能性的大小.以上两例告诉我们,"小麦种子发芽"这个事件发生的概率是 0.9,即从进行发芽试验的一批小麦种子中任取一粒,它发芽的可能性是 90%;"抛掷一枚硬币,正面向上"的概率是 0.5,即"正面向上"的可能性是 50%.

由概率的定义可以知道,求一个事件概率的基本方法是通过大量的重复试验,求得事件发生的频率,用这个事件发生的频率的近似值作为它的概率.

因为在 n 次重复试验中,事件 A 发生的次数 m 总是小于或等于试验的次数 n,即
$$0 \leqslant m \leqslant n.$$
因此,频率总满足
$$0 \leqslant \frac{m}{n} \leqslant 1.$$

类似地,对任意事件 A,它的概率满足
$$0 \leqslant P(A) \leqslant 1.$$

在每次试验中,必然事件一定发生,这说明它的频率为 1,不可能事件一定不会发生,这说明它的频率为 0.因此,必然事件的概率为 1,不可能事件的概率为 0.

例 8.22　指出下列事件是必然事件,不可能事件,还是随机事件:

(1)早晨太阳从东方升起;

(2)某运动员掷 1 次标枪,标枪飞向太空;

(3)奥运冠军王义夫"射击一次,击中 10 环";

(4)抛掷一枚骰子,向上的点数为 3;

(5)某人买了 1 张福利彩票,中一等奖.

解:(1)是必然事件,(2)是不可能事件,(3)(4)(5)是随机事件.

思考与探究

他的想法正确吗？

有一个谨小慎微的人坐飞机,他很害怕遇到带有炸弹的恐怖分子,他就自己带了一个炸弹(当然弹药已经卸掉了).他的理由是:一架飞机上有一个带炸弹的恐怖分子的概率很小,一架飞机上有两个带炸弹的恐怖分子的概率就更小了.他认为自己的行为减少了遇到恐怖分子的可能性.他的这种想法有道理吗?(答案见本章最后)

练习 8.10

1. 分别举出必然事件、不可能事件、随机事件的实例各一个.

2. 指出下列事件是必然事件,不可能事件,还是随机事件:

(1)在标准大气压下,温度低于 0 ℃时水结冰;

(2)没有水分,种子发芽;

(3)从一副扑克牌中任意抽出 1 张,得到红桃;

(4)小明和小华的生日都在 6 月份;

(5)早晨太阳从西方升起.

3. 你能用试验的方法估计哪些事件发生的概率? 举例说明.

4. 一粒种子发芽的概率是 0.8,播下 10 粒种子,必有 8 粒发芽吗?

5. 甲同学在计算某一事件 A 发生的概率时,得出事件 A 的概率 $P(A)=1.1$,乙看了之后说,你一定算错了,问乙的根据是什么?

6. 在一个有 50 万人的城市中,随机调查了 3 000 人,其中有 1 200 人看中央电视台的早间新闻,在该城市中随便问一个人,他看早间新闻的概率大约是什么?

8.5.2 等可能事件的概率

由以上分析可知,通过大量的重复试验,我们可以得到一些事件的概率,但这种方法耗时太多,而且得到的是概率的近似值.在一些特殊情况下,我们可以不通过重复试验,而只对一次试验中可能出现的结果的分析来计算出某些事件的概率.

 思考:

抛掷一枚均匀的硬币,可能出现的结果有几个? 这些结果出现的可能性是否相等? 抛掷一枚均匀的骰子呢?

抛掷一枚硬币,可能出现的结果只有两个:"正面向上"和"反面向上".由于硬币是均匀的,因而出现"正面向上"和出现"反面向上"的机会是均等的,因此可以认为出现"正面向上"和出现"反面向上"的可能性相等且都等于 $\frac{1}{2}$,这和前面表8.2中提供的大量重复试验的结果是一致的.

再来考察抛掷一枚骰子(一种正方体形的道具,在正方体的各个面上分别标有点数 $1,2,3,4,5,6$)的试验:把一枚骰子向上抛掷一次,掷得向上的一面点数的情形只可能是"掷得1点""掷得2点""掷得3点""掷得4点""掷得5点""掷得6点"6种结果之一,由于骰子的构造是均匀的,可以说,出现每一种结果的可能性相等且都是 $\frac{1}{6}$,这和大量的重复试验的结果也是一致的.

又如,从10张彩票中任抽1张,抽到每1张的可能性也是相等的.

这种在一次试验中发生的可能性相等的事件,称为等可能事件.

 **思考:**

在抛掷骰子的试验中,当骰子落地时向上一面的点数小于3的概率是多大?

显然,当向上一面的点数是1点或2点这两种情况之一时,"向上一面的点数小于3"这一事件(记作事件A)就发生,因此,事件A的概率是

$$P(A)=\frac{2}{6}=\frac{1}{3}.$$

一般地,如果一次试验中,共有 n 种等可能的结果,其中事件A包含的结果有 m 种,那么事件A的概率是

$$P(A)=\frac{m}{n}.$$

 街头有一摆摊的生意人,摊前有一个醒目的招牌:交1元钱可以掷2次均匀硬币,如果硬币落地后都是正面向上,奖励2元钱,请问你会去参加吗?说说你的理由.

知识链接

卡当的预言有道理吗?

希罗多德在他的巨著《历史》中记录到,早在公元前1500年,埃及人为了忘却饥饿,经常聚集在一起掷骰子.第一个有意识地计算赌博胜算的是文艺复兴时期意大利医生、数学家卡当.据说卡当曾参加过这样的一种赌法:把两颗骰子掷出去,以每个骰子朝上的点数之和作为赌的内容.已知骰子的6个面上分别为 $1\sim6$ 点,那么,赌注下在多少点上最有利?卡当曾预言说押7最好.他的预言有道理吗?(答案见本章最后)

例 8.23 在标准化考试中,单项选择题是常用的题型,一般是给出 A,B,C,D 4 个选项,让考生从中选择 1 个正确答案.如果考生掌握了考查内容,他可以选择唯一正确的答案.如果考生不会做,他随机地选择 1 个答案,求他答对的概率是多少?

解: 考生从 4 个选项中任选 1 个,只有 4 种选择结果:选择 A、选择 B、选择 C、选择 D,且这 4 个结果被选的可能性是相等的.记"考生答对"为事件 E,那么事件 E 共包含 1 个结果.根据等可能事件的概率公式,得到事件 E 的概率是

$$P(E) = \frac{1}{4}.$$

答: 他答对的概率是 $\frac{1}{4}$.

例 8.24 一副扑克牌共 52 张(不包括大小王),从中任意抽取 1 张,求抽到数字 8 的概率是多少?

解: 从 52 张扑克牌中任抽 1 张,共有 52 个等可能的结果.用 A 表示"从中任抽 1 张,得到数字 8"这个事件,则 A 共包含红桃 8、方块 8、黑桃 8、梅花 8 这 4 个不同的结果.因此,事件 A 的概率是

$$P(A) = \frac{4}{52} = \frac{1}{13}.$$

答: 从中任抽 1 张得到数字 8 的概率是 $\frac{1}{13}$.

例 8.25 设 10 张彩票中有 3 张奖票,若从中任抽 2 张,2 张都是奖票的概率是多少?

解: 从 10 张彩票中任抽 2 张,共有

$$C_{10}^2 = \frac{10 \times 9}{2 \times 1} = 45$$

种不同的结果.由于是任意抽取的,这些结果出现的可能性都相等.记"取出的 2 张彩票都是奖票"为事件 A,则事件 A 共包含 C_3^2 种不同的结果,故所求的概率是

$$P(A) = \frac{C_3^2}{C_{10}^2} = \frac{3}{45} = \frac{1}{15}.$$

答: 从中任抽 2 张彩票,2 张都是奖票的概率是 $\frac{1}{15}$.

例 8.26 安排 5 名歌手的演出顺序时,歌手甲恰好排在第 1 个出场的概率是多少?

解: 把 5 名歌手看成 5 个不同元素,则 5 名歌手所有不同的演出顺序的种数就是 5 个元素的全排列数,即有 A_5^5 种排列结果,并且这些结果是等可能出现的.把"歌手甲恰好排在第 1 个出场"记作事件 A,则事件 A 共包含 A_4^4 个结果,因此事件 A 的概率是

$$P(A) = \frac{A_4^4}{A_5^5} = \frac{4 \times 3 \times 2 \times 1}{5 \times 4 \times 3 \times 2 \times 1} = \frac{1}{5}.$$

答: 歌手甲恰好排在第 1 个出场的概率是 $\frac{1}{5}$.

知识链接

概率论产生的故事

概率论起源于 15 世纪中叶. 尽管任何一个数学分支的产生与发展都不外乎是社会生产、科学技术自身发展的推动,然而概率论的产生,却起源于所谓的"赌金分配问题".

1494 年,意大利数学家帕西奥尼(1445—1509)出版了一本有关算术技术的书. 书中叙述了这样一个问题:在一场赌博中,某一方先胜 6 局便算赢家,那么,当甲方胜了 4 局,乙方胜了 3 局的情况下,因出现意外,赌局被中断,无法继续,此时,赌金应该如何分配? 帕西奥尼的答案是应当按照 4∶3 的比例把赌金分给双方. 当时,许多人都认为帕西奥尼的分法不是那么公平合理. 因为,已胜了 4 局的一方只要再胜 2 局就可以拿走全部的赌金,而另一方则需要胜 3 局,并且至少有 2 局必须连胜,这样要困难得多. 但是,人们又找不到更好的解决方法. 在这以后 100 多年中,先后有多位数学家研究过这个问题,但均未得到过正确的答案. 1654 年,一位法国赌徒默勒以自己的亲身经历向帕斯卡请教"赌金分配问题",引起了这位法国天才数学家的兴趣,并促成了帕斯卡与费马这两位大数学家之间就此问题展开的异乎寻常频繁的通信,他们分别用自己的方法独立而又正确地解决了这个问题. 费马的解法是:如果继续赌,最多只要再赌 4 轮便可决出胜负,用"甲"表示甲方胜,用"乙"表示乙方胜,那么最后 4 轮的结果,不外乎以下16 种排列:

甲甲甲甲 甲甲乙乙 甲乙乙乙 甲甲甲乙 甲乙甲乙 乙甲乙乙 甲甲乙甲 甲乙乙甲 乙乙甲乙 甲乙甲甲 乙乙甲甲 乙乙乙甲 乙甲甲甲 甲乙乙乙 乙甲乙甲 乙乙乙乙甲甲乙

在这 16 种排列中,当甲出现 2 次或 2 次以上时,甲方获胜,这种情况共有 11种;当乙出现 3 次或 3 次以上时,乙方胜出,这种情况共有 5 种. 因此,赌金应当按 11∶5 比例分配. 帕斯卡解决这个问题则利用了他的"算术三角形",欧洲人常称之为"帕斯卡三角形". 事实上,早在北宋时期中国数学家贾宪就在《黄帝九章算法细草》中讨论过,后经南宋数学家杨辉加以完善,并载入其著作《详解九章算法》一书中. 这就是我们常说的杨辉三角形. 贾宪对此三角形的研究比帕斯卡早了 600 余年,杨辉也比帕斯卡早了 400 余年.

帕斯卡和费马以"赌金分配问题"开始的通信形式讨论,开创了概率论研究的先河. 后来荷兰数学家惠更斯(1629—1695)也参加了这场讨论,并写出了关于概率论的第一篇正式论文《赌博中的推理》. 因此,帕斯卡、费马、惠更斯一起被誉为概率论的创始人. 时至今日,概率论已经在各行各业中得到了广泛的应用,发展成为一门极其重要的数学学科.

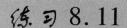

1. 填空：

(1)先后抛掷 2 枚均匀的硬币,2 枚都是反面向上的概率是_____.

(2)一副扑克牌共 52 张(去掉大小王),从中任意抽取 1 张得到红桃的概率是_____.

(3)抛掷一枚骰子,向上一面出现 6 点的概率是_____.

(4)某电视台综艺节目接到热线电话 2 000 个,要从中抽出"幸运观众"10 人,某同学打了一次热线电话,那么他成为"幸运观众"的概率是_____.

2. 选择题：

(1)甲、乙、丙 3 人中任选 2 名代表,则甲被选中的概率是(　　).

A. $\frac{1}{3}$ 　　　　B. $\frac{2}{3}$

C. $\frac{1}{2}$ 　　　　D. 1

(2)若 6 把钥匙中只有 1 把能打开某锁,从中任取 1 把,则能将该锁打开的概率是(　　).

A. $\frac{1}{6}$ 　　　　B. $\frac{1}{4}$

C. $\frac{1}{3}$ 　　　　D. $\frac{1}{2}$

3. 掷 1 枚硬币,"正面向上"的概率是 $\frac{1}{2}$,这意味着在 2 次重复试验中,必定有 1 次正面向上吗?

4. 箱子中装有大小相同的 4 个红球、2 个黄球,从中任摸 2 个球,计算 2 个球都是红球的概率是多少?

5.(本章开篇问题)某校要从正在培训的 8 名钢琴演奏者中,任选 3 名去参加比赛,问某演奏者恰好被选中的概率是多少?

6. 某商场举办有奖销售活动,办法如下:凡购物满 100 元者得奖券 1 张,多购多得,每 10 000 张奖券为一个开奖单位.设特等奖 1 个,1 等奖 50 个,2 等奖 100 个.那么买 100 元商品中奖的概率是多少?（中几等奖都算中奖）

*8.6　互斥事件有一个发生的概率

思考 1：

一批产品总数为 20 件,其中一等品 16 件,二等品 3 件,三等品 1 件.从中任取 1 件,

得到一等品或二等品的概率是多少？

思考2：

如果把"从中任取1件，得到一等品"记作事件 A，把"从中任取1件，得到二等品"记作事件 B，把"从中任取1件，得到三等品"记作事件 C. 那么事件 A 与 B 能同时发生吗？B 与 C 能同时发生吗？A 与 C 能同时发生吗？为什么？

容易知道，所取出的1件产品不可能既是一等品又是二等品. 这就是说事件 A 与 B 不可能同时发生. 这种不可能同时发生的两个事件叫作互斥事件. 同样道理，事件 B 与 C 也是互斥事件，事件 A 与 C 也是互斥事件，这时我们就说事件 A，B，C 两两互斥.

一般地，如果事件 A_1，A_2，$\cdots$，A_n 中的任何两个都是互斥事件，那么就说事件 A_1，A_2，$\cdots$，A_n 两两互斥.

在上面的问题中，如果再把"从中任取1件，得到二等品或三等品"记作事件 $\overline{A}$，那么事件 A 与 $\overline{A}$ 能不能同时发生？能不能同时不发生？为什么？

容易知道，A 与 $\overline{A}$ 不可能同时发生，它们是互斥事件. 由于从这20件产品中任取1件，要么是一等品（A 发生），要么是二等品或三等品（$\overline{A}$ 发生），即事件 A 与 $\overline{A}$ 中必有一个发生. 这种在一次试验中有且只有一个发生的两个事件叫作对立事件. 事件 A 的对立事件通常记作 $\overline{A}$.

在上面的问题中，"从中任取一件，得到一等品或二等品"是一个事件，因为不论是取到一等品或二等品，都表示这个事件发生，我们把这个事件记作 A+B.

如何求事件 A+B 的概率呢？

因为从中任取1件共有20种等可能的结果，取出的是一等品或二等品的结果共有（16+3）种，因此，从中"任取一件，得到一等品或二等品"的概率是

$$P(A+B)=\frac{16+3}{20},$$

另一方面

$$P(A)=\frac{16}{20}, \quad P(B)=\frac{3}{20},$$

由于

$$\frac{16+3}{20}=\frac{16}{20}+\frac{3}{20},$$

所以有

$$P(A+B)=P(A)+P(B).$$

这就是说，如果事件 A 与 B 互斥，那么事件"A+B"发生（即 A，B 中至少有一个发生）的概率等于事件 A 与 B 分别发生的概率的和.

上面的公式还可以进一步推广.

例如，如果事件 A，B，C 两两互斥，那么

$$P(A+B+C)=P(A)+P(B)+P(C).$$

根据对立事件的意义,$A+\overline{A}$ 是一个必然事件,它的概率等于1,而且事件 A 与 $\overline{A}$ 互斥,因此可以得到

$$P(A)+P(\overline{A})=P(A+\overline{A})=1.$$

即对立事件的概率的和等于1.

上面的公式还可以写成

$$P(\overline{A})=1-P(A).$$

例8.27 抛掷一枚骰子,观察向上的一面出现的点数,判断每对事件是不是互斥事件,如果是,再判断它们是不是对立事件.其中:

（1）出现1点与出现2点;

（2）出现1点与出现偶数点;

（3）出现1点与出现奇数点;

（4）出现奇数点与出现偶数点.

解:（1）出现1点与出现2点是互斥事件;

（2）出现1点与出现偶数点是互斥事件;

（3）出现1点与出现奇数点不是互斥事件;

（4）出现奇数点与出现偶数点是互斥事件,也是对立事件.

例8.28 在一个盒子内放有5个大小相同的小球,其中有3个红球,2个黄球,从中任取2个,计算其中至少有1个为黄球的概率.

解:记"从盒中任取2个球,恰好有1个黄球"为事件 A,"从盒中任取2个球,恰好有2个黄球"为事件 B,则事件 A,B 的概率分别是

$$P(A)=\frac{C_3^1 C_2^1}{C_5^2}=\frac{3}{5},$$

$$P(B)=\frac{C_2^2}{C_5^2}=\frac{1}{10}.$$

依题意知,事件 A,B 为互斥事件.所以,由互斥事件的概率加法公式,得到所取的2个球中至少有1个是黄球的概率是

$$P(A+B)=P(A)+P(B)=\frac{3}{5}+\frac{1}{10}=\frac{7}{10}.$$

答:其中至少有一个是黄球的概率是 $\frac{7}{10}$.

例8.29 某班同学举行文艺晚会,准备10张兑奖券,其中可得到奖品甲的有2张,可得到奖品乙的有3张.从这些兑奖券中任意抽出2张,2张都得到同种奖品的概率是多少?

解:从10张奖券中任意抽取2张的结果有 C_{10}^2 种,这些结果是等可能的,设其中2张都得到奖品甲为事件 A,2张都得到奖品乙为事件 B.则有

$$P(A)=\frac{C_2^2}{C_{10}^2}=\frac{1}{45},$$

$$P(B)=\frac{C_3^2}{C_{10}^2}=\frac{1}{15}.$$

又因为 A 与 B 是互斥事件,即 2 张奖券都得到同种奖品的情况只有都得到奖品甲或都得到奖品乙,于是 2 张奖券都得到同种奖品的概率是

$$P(A+B) = P(A) + P(B) = \frac{C_2^2}{C_{10}^2} + \frac{C_3^2}{C_{10}^2} = \frac{1}{45} + \frac{1}{15} = \frac{4}{45}.$$

答:2 张都得到同种奖品的概率是 $\frac{4}{45}$.

练习 8.12

1.互斥事件是不是对立事件? 对立事件一定是互斥事件吗? 并举例说明.

2.购买本期福利彩票 1 张,判断下列每对事件是不是互斥事件,如果是,再判断它们是不是对立事件.

(1)"中 1 等奖"与"中 2 等奖";

(2)"中 1 等奖"与"没有中奖";

(3)"中 1 等奖"与"中奖"(中几等奖都算中奖);

(4)"中奖"与"没有中奖".

3.填空:

(1)一个事件发生的概率是 0.3,那么事件不发生的概率是_____.

(2)抛掷一枚骰子,向上的点数是 5 点或 6 点的概率是_____.

4.某地区的年降水量在一定范围内的概率如表 8.4 所示:

表 8.4

年降水量/mm	$[100,150)$	$[150,200)$	$[200,250)$	$[250,300]$
概率	0.12	0.25	0.16	0.14

(1)求年降水量在 $[100,200)$ 范围内的概率;

(2)求年降水量在 $[150,300]$ 范围内的概率.

5.一个箱子中有 6 个相同的小球,其中 4 个红球,2 个黄球,从中任摸 3 个,至少有 2 个红球的概率是多少?

*8.7 相互独立事件同时发生的概率

**思考 1:**

甲袋中有 3 个红球,2 个黄球;乙袋中有 2 个红球,1 个黄球.从这两个袋中分别摸出 1 个球,它们都是红球的概率是多少?

**思考2:**

如果把"从甲袋中摸出 1 个球,得到红球"记作事件 A,把"从乙袋中摸出 1 个球,得到红球"记作事件 B.那么事件 A 发生与否对事件 B 发生的概率有无影响?事件 B 发生与否对事件 A 发生的概率有无影响?

容易知道,从一个袋中摸出的是红球还是黄球,对从另一个袋中摸出的是红球还是黄球没有影响.即事件 A 是否发生与事件 B 是否发生没有关联,我们把这样的两个事件叫作相互独立事件.

在上面的问题里,事件 $\overline{A}$ 是指"从甲袋里摸出 1 个球,得到黄球",事件 $\overline{B}$ 是指"从乙袋里摸出 1 个球,得到黄球".很明显,事件 A 与 $\overline{B}$、$\overline{A}$ 与 B、$\overline{A}$ 与 $\overline{B}$ 也都是相互独立的.一般地,若 A 与 B 是相互独立事件时,则 A 与 $\overline{B}$、$\overline{A}$ 与 B、$\overline{A}$ 与 $\overline{B}$ 也都是相互独立事件.

"从两个袋子里分别摸出 1 个球,都是红球"是一个事件,它的发生就是事件 A,B 同时发生,我们把它记作 A·B.上面的问题就是求相互独立事件 A 与 B 同时发生的概率 $P(A \cdot B)$.

　　如何求事件 A 与 B 同时发生的概率 $P(A \cdot B)$ 呢?

从甲袋里摸出 1 个球,有 5 种等可能的结果;从乙袋里摸出 1 个球有 3 种等可能的结果,于是,从这两个袋中分别摸出 1 个球,共有 5×3 种等可能的结果.其中同时摸出红球的结果共有 3×2=6 种.因此,从这两个袋中分别摸出一个球,都是红球的概率是

$$P(A \cdot B) = \frac{3 \times 2}{5 \times 3}.$$

另一方面,从甲袋中摸出 1 个球,得到红球的概率是 $P(A) = \frac{3}{5}$,从乙袋中摸出 1 个球得到红球的概率是 $P(B) = \frac{2}{3}$.而 $\frac{3 \times 2}{5 \times 3} = \frac{3}{5} \times \frac{2}{3}$,于是得到

$$P(A \cdot B) = P(A) \cdot P(B).$$

一般地,两个相互独立事件同时发生的概率,等于每个事件发生的概率的乘积.

上面的公式还可以进一步推广.

例如,如果事件 A,B,C 相互独立,那么

$$P(A \cdot B \cdot C) = P(A) \cdot P(B) \cdot P(C).$$

例 8.30 甲、乙两个气象台同时作天气预报,如果它们预报准确的概率分别是 0.8 与 0.9,那么在一次预报中,两个气象台都预报准确的概率是多少?

解:我们把"甲气象台预报准确"记作事件 A,把"乙气象台预报准确"记作事件 B,显然,"两个气象台同时作天气预报且预报都准确"就是事件 A·B,由于甲气象台(乙气象台)预报是否准确,对乙气象台(甲气象台)预报是否准确没有影响,因此事件 A 与 B 是相互独立的,根据相互独立事件同时发生的概率乘法公式可得

$$P(A \cdot B) = P(A) \cdot P(B) = 0.8 \times 0.9 = 0.72.$$

答:在 1 次预报中,两个气象台都预报准确的概率是 0.72.

例 8.31 有一道谜语,甲猜中的概率是 $\frac{1}{3}$,乙猜中的概率是 $\frac{2}{3}$,丙猜中的概率是 $\frac{3}{5}$,且各自猜中谜语的事件是相互独立的,计算 3 人都猜中谜语的概率是多少?

解:设甲、乙、丙三人各自猜中谜语的事件分别记作 A,B,C,它们是相互独立的. 根据相互独立事件同时发生的概率乘法公式,得到三人都猜中谜语的概率是

$$P(A \cdot B \cdot C) = P(A) \cdot P(B) \cdot P(C) = \frac{1}{3} \times \frac{2}{3} \times \frac{3}{5} = \frac{2}{15}.$$

答:三人都猜中谜语的概率是 $\frac{2}{15}$.

练习 8.13

1. 判断下列各对事件是否为相互独立事件:

(1)A 袋中有 3 个红球,2 个黄球;B 袋中有 4 个红球,3 个黄球."从 A 袋中取出1 球,得到红球"与"从 B 袋中取出 1 球,得到红球".

(2)甲、乙两人分别从同一副扑克牌中各抽 1 张,"甲抽到红桃 K"与"乙抽到红桃 K".

2. 甲击中目标的概率是 0.5,乙击中目标的概率是 0.4,那么目标被击中的概率是 0.5+0.4=0.9,这种说法正确吗? 为什么?

3. 甲、乙两人各掷一枚骰子,用 A 表示"甲掷得 6 点"这个事件,用 B 表示"乙掷得 6 点"这个事件,那么 A 与 B 是否是相互独立的事件? 如果是,试求出甲、乙两人都掷得 6 点的概率.

4. 在某段时间内,甲地下雨的概率是 0.3,乙地下雨的概率是 0.4,假定在这段时间内,两地是否下雨相互之间没有影响,计算在这段时间内:

(1)甲、乙两地都下雨的概率;

(2)甲、乙两地都未下雨的概率.

5. 某学生将 1 枚硬币连续掷了 3 次,那么它前 2 次出现正面向上,第 3 次出现反面向上的概率是多少?

应用赏析

布丰的投针试验

公元 1777 年的一天,法国科学家 D·布丰(D. buffon 1707～1788)邀请了许多朋友前来进行一次奇特的试验. 试验开始,布丰先生拿出几张纸和一大把小

针,纸上预先画好了一条条等距离的平行线,这些小针的长度都是平行线间距离的一半.然后布丰先生宣布:"请诸位把这些小针一根一根往纸上扔吧! 不过,请大家务必把扔下的针是否与纸上的平行线相交告诉我."客人们不知布丰先生要干什么,只好客随主便,纷纷加入了试验的行列.一把小针扔完了,把它们捡起来又扔.如此这般地忙碌了将近一个钟头.最后,布丰先生宣布:"先生们,我这里记录了诸位刚才的投针结果,共投针 2212 次,其中与平行线相交的有 704次.总数 2212 与相交数 704 的比值为 3.142."说到这里,布丰先生故意停了停,并对大家报以神秘的一笑,接着有意提高声调说:"先生们,这就是圆周率 π 的近似值!".

众客哗然,一时疑义纷纷:"圆周率 π? 这可是与圆半点也不沾边的呀!"布丰先生似乎猜透了大家的心思,得意扬扬地解释道:"诸位,这里用的是概率的原理,如果大家有耐心的话,再增加投针的次数,还能得到 π 的更精确的近似值."

由于投针试验的问题,是布丰先生最先提出的,所以数学史上就称它为布丰问题.布丰得出的一般结果是:如果纸上两平行线间相距为 d,小针长为 l,投针的次数为 n,所投的针与平行线相交的次数为 m,那么当 n 相当大时有:$\pi \approx (2ln)/(dm)$.

独立重复试验

在相同条件下,做 n 次试验,如果每一次试验结果都不依赖于其他各次试验的结果,那么就把这 n 次试验叫作 n 次独立试验.如果构成 n 次独立试验的每一次试验只有 2 个可能的结果 A 与 $\overline{A}$,那么就把这 n 次试验叫作 n 次独立重复试验.例如,某射手在相同条件下,进行 n 次射击,且每次射击只考察射中与射不中两个结果,这就是一个 n 次独立重复试验.

下面我们来研究怎样根据事件 A 在一次试验中发生的概率,求出 n 次独立重复试验中事件 A 恰好发生 k 次的概率.

思考:

某射手射击 1 次,击中目标的概率是 0.8,那么他射击 3 次恰好击中 2 次的概率是多少?

由于 3 次射击是相互独立的,如果把每次射击看成是一次试验,每次试验只有两个可能结果"击中目标"和"未击中目标",因此,这是一个 3 次独立重复试验.

我们把"某射手射击一次,击中目标"用事件 A 表示,"他射击一次,未击中目标"用事件 $\overline{A}$ 表示,则有

$$P(A)=0.8, \quad P(\overline{A})=1-0.8=0.2.$$

想一想 某射手射击 3 次恰好击中 2 次的情况有几种?

容易知道,他射击 3 次,击中 2 次共有下面 3 种情况:
$$A \cdot A \cdot \bar{A}, \quad A \cdot \bar{A} \cdot A, \quad \bar{A} \cdot A \cdot A.$$

上述每一种情况,都可以看成是从 3 个位置上取出 2 个写上 A,另一个写上 $\bar{A}$,所以这些情况的种数等于从 3 个元素中取出 2 个的组合数 C_3^2,即 3 种情况.

由于 3 次射击是否击中目标相互之间没有影响,所以根据相互独立事件的概率乘法公式得到,前 2 次击中、第 3 次未击中的概率是
$$\begin{aligned}
P(A \cdot A \cdot \bar{A}) &= P(A) \cdot P(A) \cdot P(\bar{A}) \\
&= 0.8 \times 0.8 \times (1-0.8) \\
&= 0.8^2 \times (1-0.8)^{3-2}.
\end{aligned}$$

同理
$$\begin{aligned}
P(A \cdot \bar{A} \cdot A) &= P(A) \cdot P(\bar{A}) \cdot P(A) \\
&= 0.8 \times (1-0.8) \times 0.8 \\
&= 0.8^2 \times (1-0.8)^{3-2}, \\
P(\bar{A} \cdot A \cdot A) &= P(\bar{A}) \cdot P(A) \cdot P(A) \\
&= (1-0.8) \times 0.8 \times 0.8 \\
&= 0.8^2 \times (1-0.8)^{3-2}.
\end{aligned}$$

由于事件 $A \cdot A \cdot \bar{A}$, $A \cdot \bar{A} \cdot A$, $\bar{A} \cdot A \cdot A$ 彼此互斥,所以根据互斥事件的概率加法公式,得到射击 3 次恰好击中 2 次的概率是
$$\begin{aligned}
P &= P(A \cdot A \cdot \bar{A} + A \cdot \bar{A} \cdot A + \bar{A} \cdot A \cdot A) \\
&= P(A \cdot A \cdot \bar{A}) + P(A \cdot \bar{A} \cdot A) + P(\bar{A} \cdot A \cdot A) \\
&= C_3^2 \times 0.8^2 \times (1-0.8)^{3-2} \\
&= 3 \times 0.8^2 \times 0.2 = 0.384.
\end{aligned}$$

故射击 3 次恰好有 2 次击中目标的概率是 0.384.

一般地,如果在 1 次试验中某事件发生的概率是 p,那么在 n 次独立重复试验中这个事件恰好发生 k 次的概率是
$$P_n(k) = C_n^k p^k (1-P)^{n-k}.$$

例 8.32 将一枚硬币连掷 4 次,计算:
(1)恰好有 3 次出现正面向上的概率;
(2)至少有 3 次出现正面向上的概率.

解:(1)记"一枚硬币抛掷 1 次,出现正面向上"为事件 A,则 $P(A) = \dfrac{1}{2}$,连掷 4 次相当于作 4 次独立重复试验,根据 n 次独立重复试验中事件发生 k 次的概率公式,连掷 4 次恰好有 3 次正面向上的概率是
$$P_4(3) = C_4^3 \left(\frac{1}{2}\right)^3 \left(1-\frac{1}{2}\right)^{4-3} = 4 \times \frac{1}{2^4} = \frac{1}{4}.$$

答:1 枚硬币连掷 4 次恰好有 3 次正面向上的概率是 $\dfrac{1}{4}$.

（2）一枚硬币连掷 4 次至少有 3 次出现正面向上的概率,就是连掷 4 次恰好有 3 次正面向上和恰好有 4 次正面向上的概率的和,即

$$P_4(3)+P_4(4)=C_4^3\times\left(\dfrac{1}{2}\right)^3\times\left(1-\dfrac{1}{2}\right)^{4-3}+C_4^4\times\left(\dfrac{1}{2}\right)^4\times\left(1-\dfrac{1}{2}\right)^{4-4}$$

$$=4\times\dfrac{1}{2^3}\times\dfrac{1}{2}+\dfrac{1}{2^4}=\dfrac{4}{16}+\dfrac{1}{16}=\dfrac{5}{16}.$$

答:一枚硬币连掷 4 次,至少有 3 次正面向上的概率是 $\dfrac{5}{16}$.

练习 8.14

1. 一枚硬币连掷 5 次,计算恰好有 4 次正面向上的概率是多少?

2. 一枚骰子连掷 3 次,恰好有 2 次出现 1 点的概率是多少?

3. 一批种子的发芽率是 80%,播种时,每穴 3 粒,恰好有 2 粒发芽的概率是多少?

4. 某气象站天气预报的准确率为 90%,计算 5 次预报中恰好有 4 次准确的概率是多少?

本章小结

一、知识结构

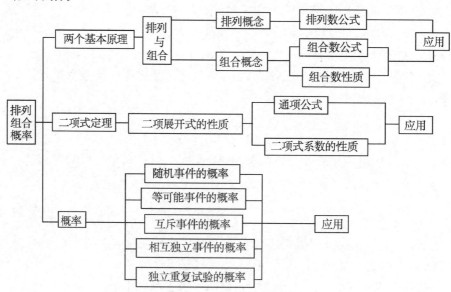

二、知识回顾与方法总结

1.加法原理与乘法原理是关于计数的两个基本原理.两者的区别在于,加法原理与分类有关,乘法原理与分步有关.

2.排列与组合都是计算完成一件事的方法种数的知识,区别排列问题与组合问题要看是否与顺序有关.与顺序有关的属于排列问题,与顺序无关的属于组合问题.

3.排列与组合的主要公式

(1)排列数公式

$$A_n^m = n(n-1)(n-2)\cdots(n-m+1) \quad (m \leqslant n),$$

$$A_n^m = \frac{n!}{(n-m)!} \quad (m \leqslant n),$$

$$A_n^n = n! = n(n-1)(n-2)\cdots \times 3 \times 2 \times 1;$$

(2)组合数公式 $\quad C_n^m = \dfrac{n!}{m!(n-m)!} \quad (m \leqslant n);$

(3)组合数性质 $C_n^m = C_n^{n-m} \quad (m \leqslant n),$

$$C_{n+1}^m = C_n^m + C_n^{m-1} \quad (m \leqslant n).$$

4.二项式定理是

$$(a+b)^n = C_n^0 a^n + C_n^1 a^{n-1} b + \cdots + C_n^r a^{n-r} b^r + \cdots + C_n^n b^n \quad (n \in \mathbf{N}^*),$$

其中各项系数就是组合数 C_n^r,它叫作第 $r+1$ 项的二项式系数;展开式共有 $n+1$ 项,其中第 $r+1$ 项

$$T_{r+1} = C_n^r a^{n-r} b^r.$$

5.实际生活中所遇到的事件包括必然事件、不可能事件和随机事件.随机事件在现实世界中是广泛存在的.在一次试验中,事件是否发生虽然带有偶然性,但在大量重复试验下,它的发生呈现出一定的规律性,即事件发生的频率接近于某个常数,在它附近摆动,这个常数就叫作这一事件的概率.记为 $P(A)$,易知 $0 \leqslant P(A) \leqslant 1$.

6.在概率的计算中,通常将一个事件的频率的稳定值近似地作为它的概率.但对于某些事件,也可以直接通过分析来计算其概率.如果一次试验中共有 n 种等可能出现的结果,其中事件 A 包含的结果有 m 种,那么事件 A 的概率 $P(A) = \dfrac{m}{n}$.

7.不可能同时发生的两个事件叫作互斥事件.当 A,B 是互斥事件时,有

$$P(A+B) = P(A) + P(B).$$

其中必有一个发生的两个互斥事件叫作对立事件,如果把事件 A 的对立事件记作 $\overline{A}$,则有

$$P(A) + P(\overline{A}) = P(A + \overline{A}) = 1.$$

8.如果一个事件是否发生与另一个事件是否发生相互没有影响,那么这两个事件叫作相互独立事件.当 A,B 是相互独立事件时,有

$$P(A \cdot B) = P(A) \cdot P(B).$$

如果事件 A 在一次试验中发生的概率是 P,那么它在 n 次独立重复试验中恰好发生 k 次的概率

$$P_n(k) = C_n^k P^k (1-P)^{n-k}.$$

练一练（一）

1. 填空：

（1）甲袋内放有 8 张不同的三角形卡片，乙袋内放有 6 张不同的正方形卡片，要从这两个口袋内任取 1 张卡片，送给 1 名小朋友，不同取法的种数是＿＿＿＿＿．

（2）从 A 村去 B 村的道路有 4 条，从 B 村去 C 村的道路有 2 条，从 A 村经 B 村去 C 村，不同走法的种数是＿＿＿＿＿．

2. 计算：

（1）A_{10}^3；　　　　（2）$A_7^3 + A_8^2$；

（3）C_{20}^2；　　　　（4）$C_8^4 \div C_6^4$．

3. 一部儿童故事片，要在 3 所学校轮映，每个学校放映一场，有几种轮映次序？

4. 有 5 本不同的图画书，从中任选 4 本，送给 4 名同学，每人 1 本，共有多少种不同的送法？

5. 有 3 张参观券，要在 7 人中确定 3 人去参观，不同的方法种数有多少？

6. 要排出某班星期一上午语文、数学、舞蹈、美术 4 堂课的课程表，要求舞蹈不排在第 1 节，不同排法的种数是多少？

7. 在一次乒乓球的比赛中，一年级有 8 个队，二年级有 8 个队，三年级有 10 个队，各年级分别进行单循环赛，一共要安排多少场比赛？

8. 由数字 1，2，3，4，5，6 可以组成多少个没有重复数字的三位数？

9. 甲、乙等 6 人站成一排．

（1）一共有多少种不同的站法？

（2）如果甲必须站在排头，有多少种不同的站法？

（3）如果甲、乙必须相邻，有多少种不同的站法？

（4）如果甲、乙不能相邻，有多少种不同的站法？

10. 平面上有 10 个点，任意 3 点不共线．经过这些点可以确定多少条直线？

11. 安排 5 名歌手的演出顺序时，要求某歌手不排在第 1 个出场，不同排法的种数是多少？

12. 某班有 50 名学生，其中正、副班长各 1 名，现选派 3 名学生参加某种课外活动．

（1）有多少种不同的选派法？

（2）如果班长和副班长必须在内，有多少种不同的选派法？

（3）如果班长和副班长必须有 1 人而且只有 1 人在内，有多少种不同的选派法？

13. 写出 $(2a+b)^4$ 的展开式中的第 5 项．

14. 求 $(x+2)^6$ 的展开式．

练一练（二）

15. 选择题：

（1）某种彩票的中奖率是 1%，则下列说法正确的是（　）．

A. 买 1 张不会中奖

B. 买 100 张一定会中奖

C. 买 100 张每 1 张的中奖的概率相同

D. 能否中奖与中奖率的大小无关,全凭运气

(2)2 枚骰子抛掷 1 次,出现的点数相同的概率是( ).

A. $\frac{1}{2}$ B. $\frac{1}{4}$ C. $\frac{1}{6}$ D. $\frac{1}{8}$

16.填空:

(1)有 100 张已编号的卡片(从 1 号到 100 号),从中任取 1 张,号码是 5 的倍数的概率是_____.

(2)将 1 枚骰子抛掷 1 次,掷出的点数是偶数的概率是_____.

(3)在数学选择题给出的 4 个答案中,只有 1 个是正确的,某同学做 3 道数学选择题时,随意选择其中的一个答案,那么 3 道题都答对的概率是_____.

(4)甲、乙两名射手彼此独立射击一目标,甲射中目标的概率是 0.7,乙射中目标的概率是 0.8.在一次射击中,甲、乙同时射中目标的概率是_____.

17. 某市发行彩票 1 000 000 张,其中一等奖 5 张,二等奖 50 张,三等奖 1 000 张,鼓励奖 10 000 张,某人购买彩票 1 张,则他中一等奖、二等奖、三等奖、鼓励奖的概率各是多少?

18. 在一副扑克牌(52 张)中,有"黑桃、红桃、梅花、方块"这 4 种花色的牌各 13 张.从中任抽 4 张.

(1)这 4 张牌中花色相同的概率是多少?

(2)这 4 张牌中花色各不相同的概率是多少?

19. 甲袋中有 6 只红球,3 只黄球;乙袋中有 3 只红球,1 只黄球.现从两袋中各取出 1 球.计算:

(1)2 球都是红球的概率.

(2)2 球颜色相同的概率.

(3)2 球颜色不相同的概率.

20. 将一枚骰子先后抛掷 2 次,问向上的点数之和是 5 的概率是多少?

21. 在 30 件产品中,有 28 件合格品,2 件次品,从中任取 2 件进行检查.计算:

(1) 2 件都是合格品的概率是多少?

(2)1 件是合格品,1 件是次品的概率是多少?

22. 班委会有甲、乙等 6 名同学组成,现在要从这 6 名同学中任选 3 名去参加学生会的评选,甲、乙 2 人恰好都被选中的概率是多少?

23. 用 9 个球设计 1 个摸球游戏,使得摸到红球的概率是 $\frac{1}{3}$.

24. 甲、乙、丙三位小朋友在进行某种游戏时需要确定游戏的先后次序,他们协商约定下面两种办法:

(1)抽签.抽到 1 号的先做;抽到 2 号的第 2 做;抽到 3 号的第 3 做.

(2)抛掷硬币.将两个1元硬币同时向上抛掷,落地后,如果都是正面向上,甲先做;如果都是反面向上,乙先做;如果1个正面向上,1个反面向上,丙先做.哪种办法合理?为什么?

25.某班分到1个参加校庆迎宾的名额,为了公平民主,班长让每个人来抽签,他说全班50个人,每个人都有50%($\frac{1}{2}$)的机会.你认为这种说法正确吗?为什么?

本章练习参考答案

练习8.1

1.(略).

2.(1)A;(2)A.

3.(1)15(种);(2)28(种).

4.12(种).

练习8.2

1.(略).

2.(1)B;(2)B.

3.(1)80;(2)15.

4.8(种).

练习8.3

1.(1)(3)(4)是排列问题;(2)不是排列问题.

2.(略).

3.红、黄、蓝,红、蓝、黄,黄、红、蓝,黄、蓝、红,蓝、红、黄,蓝、黄、红;不同排法共有6种.

4.班长和副班长分别是:甲、乙,甲、丙,甲、丁,乙、甲,乙、丙,乙、丁,丙、甲,丙、乙,丙、丁,丁、甲,丁、乙,丁、丙.

练习8.4

1.(1)$A_4^2=4\times3=12$; $\qquad$ (2)$A_6^6=6\times5\times4\times3\times2\times1=720$;

$\quad$(3)$A_7^3=7\times6\times5=210$; $\qquad$ (4)$A_9^2+A_9^3=9\times8+9\times8\times7=576$.

2.(1)6;(2)12.

3.$A_4^4=24$(种).

4.$A_5^3=60$(种).

5.$A_8^2=56$(种).

6.$A_5^2=20$.

练习8.5

1.(2)(4)是排列问题; $\qquad$ (1)(3)是组合问题.

2.$\triangle ABC$, $\quad$ $\triangle ABD$, $\quad$ $\triangle ACD$, $\quad$ $\triangle BCD$.

3.舞蹈、音乐，舞蹈、美术，音乐、美术.

4.(1)每场比赛双方:郑州—洛阳、郑州—开封、洛阳—开封.

　(2)冠亚军可能情况:郑州—洛阳、洛阳—郑州、郑州—开封、开封—郑州、洛阳—开封、开封—洛阳.

练习8.6

1.(1)$C_4^2 = \frac{4 \times 3}{2 \times 1} = 6$；　　　　(2)$C_3^1 + C_3^2 = 3 + \frac{3 \times 2}{2 \times 1} = 6$；

　(3)$C_6^4 = \frac{6 \times 5 \times 4 \times 3}{4 \times 3 \times 2 \times 1} = 15$；　　(4)$C_{10}^3 = \frac{10 \times 9 \times 8}{3 \times 2 \times 1} = 120$.

2.(1)10；(2)6.

3.$C_8^2 = 28$(场).

4.$C_7^3 = 35$(种).

5.$C_6^3 = 20$(种).

6.$C_9^2 = 36$(种).

练习8.7

1.(1)×；(2)√；(3)×；(4)√.

2.$C_5^2 = 10$，$C_5^3 = 10$. 由此可见 $C_5^2 = C_5^3$.

3.(1)$C_8^6 = C_8^2 = 28$；

　(2)$C_9^7 + C_9^8 = C_{10}^8 = C_{10}^2 = 45$；

　(3)$C_{10}^9 = C_{10}^1 = 10$；

　(4)$C_{100}^{98} = C_{100}^2 = 4950$.

4.$C_3^1 + C_3^2 + C_3^3 = 7$(种).

练习8.8

1.$(p+q)^4 = C_4^0 p^4 + C_4^1 p^3 q + C_4^2 p^2 q^2 + C_4^3 pq^3 + C_4^4 q^4$
　　　　$= p^4 + 4p^3 q + 6p^2 q^2 + 4pq^3 + q^4$.

2.$(x+1)^5 = C_5^0 x^5 + x^4 C_5^1 x^4 + C_5^2 x^3 + C_5^3 x^2 + C_5^4 x + C_5^5$
　　　　$= x^5 + 5x^4 + 10x^3 + 10x^2 + 5x + 1$.

3.$(x-2)^3 = C_3^0 x^3 + C_3^1 x^2 \cdot (-2) + C_3^2 x \cdot (-2)^2 + C_3^3 \cdot (-2)^3$
　　　　$= x^3 - 6x^2 + 12x - 8$.

4.$T_4 = T_{3+1} = C_5^3 \times (2a)^2 \times 3^3 = 1\,080a^2$.

练习8.9

1.提示:$(a+3)^3$展开式中二项式系数最大的项是第2项和第3项.
$$T_2 = C_3^1 \cdot a^2 \cdot 3^1 = 9a^2,$$
$$T_3 = C_3^2 \cdot a \cdot 3^2 = 27a^2.$$

2.提示:$(1+x)^4$中展开式中二项式系数最大的项是第3项.
$$T_3 = T_{2+1} = C_4^2 \cdot x^2 = 6x^2.$$

3.$C_4^0 + C_4^1 + C_4^2 + C_4^3 + C_4^4 = 2^4 = 16$.

4.提示:二项式系数最大的项是第 4 项.

$$T_4 = T_{3+1} = C_6^3 x^3 \cdot (-1)^3 = -20x^3$$

练习 8.10

1.(略).

2.(1)是必然事件;(2)(5)是不可能事件;(3)(4)是随机事件.

3.(略).

4.不一定.

5.随机事件概率的性质可以说明.

6.大约是 0.4.

练习 8.11

1.(1)$\dfrac{1}{4}$;(2)$\dfrac{1}{4}$;(3)$\dfrac{1}{6}$;(4)$\dfrac{1}{200}$.

2.(1)B;(2)A.

3.不一定.

4.提示:设"从中任摸 2 球,2 个球都是红球"为事件 A,则 $P(A)=\dfrac{C_4^2}{C_6^2}=\dfrac{2}{5}$.

5.提示:设"某演奏者恰好别选中"为事件 A,则 $P(A)=\dfrac{C_7^2}{C_8^3}=\dfrac{3}{8}$.

6.$\dfrac{151}{10\ 000}$.

练习 8.12

1.互斥事件不一定是对立事件,对立事件一定是互斥事件.

2.(1)互斥事件;　　　　(2)互斥事件;

　(3)不是互斥事件;　　(4)是互斥事件又是对立事件.

3.(1)0.7 ;(2)$\dfrac{1}{3}$.

4.(1)0.12+0.25=0.37;

　(2)0.25+0.16+0.14=0.55.

5.提示:记"从中任摸 3 个球,恰好有 2 个是红球"为事件 A,"从中任摸 3 个球,恰好有 3 个是红球"为事件 B,则 A,B 是互斥事件. 又 $P(A)=\dfrac{C_4^2 C_2^1}{C_6^3}=\dfrac{3}{5}$,$P(B)=\dfrac{C_4^3}{C_6^3}=\dfrac{1}{5}$,所以根据互斥事件概率的加法公式得到至少有 2 个是红球的概率是

$$P(A+B)=P(A)+P(B)=\dfrac{3}{5}+\dfrac{1}{5}=\dfrac{4}{5}.$$

练习 8.13

1.(1)是相互独立事件;

　(2)不是相互独立事件.

2.不正确,因为"甲击中目标"与"乙击中目标"是相互独立事件,不是互斥事件.

3.提示:是相互独立事件,记"甲掷得 6 点"为事件 A,"乙掷得 6 点"为事件 B.因为

A, B 是相互独立的, 所以 2 人都掷得 6 点的概率是

$$P(AB) = P(A)P(B) = \frac{1}{6} \times \frac{1}{6} = \frac{1}{36}.$$

4. (1) 0.12; (2) 0.42.

5. $\frac{1}{8}$.

练习 8.14

1. $P_5(4) = C_5^4 \times \left(\frac{1}{2}\right)^4 \times \left(1 - \frac{1}{2}\right)^{5-4} = \frac{5}{32}$.

2. $P_3(2) = C_3^2 \times \left(\frac{1}{6}\right)^2 \times \left(1 - \frac{1}{6}\right)^{3-2} = \frac{5}{72}$.

3. $P_3(2) = C_3^2 \times (0.8)^2 \times (1 - 0.8)^{3-2} = 0.384$.

4. $P_5(4) = C_5^4 \times (0.9)^4 \times (1 - 0.9)^{5-4} \approx 0.33$.

练一练(一)

1. (1) 14; (2) 8.

2. (1) 720; (2) 266; (3) 190; (4) $\frac{14}{3}$.

3. $A_3^3 = 6$.

4. $A_5^4 = 120$.

5. $C_7^3 = 35$.

6. 提示: 先排舞蹈课有 A_3^1 种排法, 再排余下的 3 节课有 A_3^3 种排法, 共有 $A_3^1 \cdot A_3^3 = 18$ 种不同的排法.

7. $C_8^2 + C_8^2 + C_{10}^2 = 101$.

8. $A_6^3 = 120$.

9. (1) $A_6^6 = 720$;   (2) $A_5^5 = 120$;

　　(3) $A_5^5 A_2^2 = 240$;   (4) $A_4^4 A_5^2 = 480$.

10. $C_{10}^2 = 45$.

11. $A_4^1 A_4^4 = 96$.

12. (1) $C_{50}^3 = 19\,600$; (2) $C_2^2 C_{48}^1 = 48$; (3) $C_2^1 C_{48}^2 = 2\,256$.

13. $(2a+b)^4 = C_4^0 (2a)^4 + C_4^1 (2a)^3 \cdot b + C_4^2 (2a)^2 \cdot b^2 + C_4^3 2a \cdot b^3 + C_4^4 \cdot b^4$
　　　　　$= 16a^4 + 32a^3 b + 24a^2 b^2 + 8ab^3 + b^4$.

14. 第 5 项为 $T_{4+1} = C_6^4 x^2 \cdot 2^4 = 240x^2$.

练一练(二)

15. (1) C;   (2) C.

16. (1) $\frac{1}{5}$;   (2) $\frac{1}{2}$;   (3) $\frac{1}{64}$;   (4) 0.56.

17. $\frac{1}{200\,000}, \frac{1}{20\,000}, \frac{1}{1\,000}, \frac{1}{100}$.

18. 提示：(1) $\dfrac{4 \times C_{13}^4}{C_{52}^4}$；　(2) $\dfrac{C_{13}^1 C_{13}^1 C_{13}^1 C_{13}^1}{C_{52}^4}$.

19. (1) $\dfrac{1}{2}$；(2) $\dfrac{7}{12}$；(3) $\dfrac{5}{12}$.

20. $\dfrac{1}{9}$.

21. (1) $\dfrac{126}{145}$；(2) $\dfrac{56}{435}$.

22. $\dfrac{1}{5}$.

23. 开放性题，答案不唯一，只要 9 个球除颜色外都相同，其中有 3 个红球即可.

24. 抽签的办法合理.

25. 提示：不正确. 每人抽到的概率是 $\dfrac{1}{50}$，而不是 $\dfrac{1}{2}$.

思考与探究　他的想法正确吗？

事实上，他带或不带炸弹不会影响其他旅客带不带炸弹.

知识链接　卡当的预言有道理吗？

答：两个骰子朝上的面共有 36 种可能，一一列出来为：

2,3,4,5,6,7；

3,4,5,6,7,8；

4,5,6,7,8,9；

5,6,7,8,9,10；

6,7,8,9,10,11；

7,8,9,10,11,12.

容易看出，7 是最容易出现的和数. 所以，卡当预言说押 7 最好是有道理的.

第 9 章

复数

数的概念的产生发展源自社会实践,经历了漫长的历程. 由于计数的需要,产生了自然数的概念(自然数的全体构成了自然数集 **N**). 为了表示各种具有相反意义的量,负整数便产生了(自然数和负整数构成了整数集 **Z**). 为了解决测量、分配中遇到的把某些量等分的问题,人们又引进了分数,人们把分数连同整数统称为有理数(有理数的全体构成了有理数集 **Q**). 为了解决有些量与量之间的比值不能用分数(即有理数)来表示的矛盾,人们又引进了无理数. 例如正方形的对角线与其边长之比为 $\sqrt{2}$,这样无理数就产生了. 有理数与新引进的无理数被统称为实数. 实数的全体构成了实数集 **R**.

事实上,数学本身发展的需要也是促进数的概念不断发展的重要动力. 例如,方程 $x+5=3$ 在自然数集 **N** 中无解,而在扩充后的整数集 **Z** 中则有解;方程 $2x=5$ 在整数集 **Z** 中无解,而在扩充后的有理数集 **Q** 中则有解;方程 $x^2=2$ 在有理数集 **Q** 中无解,在实数集 **R** 中则有解.

但是还有一些方程,例如 $x^2+1=0$,在实数集 **R** 中找不到它们的解! 为解决这个问题,人们将数系又进行了扩充,由实数集 **R** 扩充到了复数集 **C**.

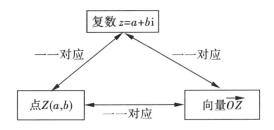

知识链接

"虚数"名字的由来

1637 年，在笛卡儿的《几何学》一书中第一次出现了虚数的名称.

虚数闯进数的领域时，人们对它的实际用处并不知道，在实际生活中似乎没有用虚数来表达的量. 在很长一段时间里，人们对它产生过怀疑和误解. 笛卡尔承认："虚数"的本意是指它是虚假的数；欧拉在许多地方用了虚数，却认为："一切形如 $\sqrt{-1}$、$\sqrt{-2}$ 的数学式子都是不可能有的、想象的数，因为它们所表示的是负数的平方根. 对于这类数，我们只能断言它们既不是什么都不是，也不比什么都不是多些什么，更不比什么都不是少些什么，它们纯属虚幻."莱布尼茨坚定地认为："虚数是美妙而奇异的神灵隐蔽所，它几乎是既存在又不存在的两栖物."

在英文中，imaginaires 代表虚的 reelles 代表实的. 所以用字母"i"表示虚数，用"R"表示实数集.

9.1 复数的概念及分类

9.1.1 复数的概念

为解决某些方程如 $x^2+1=0$ 在实数集 **R** 中找不到解这个问题，人们引进了一个新数 i，i 叫作虚数单位，并规定：

（1）$i^2=-1$；

（2）i 可以和实数进行四则运算，且原有的加法、乘法运算律仍然成立.

由规定（1）可知，$\pm i$ 就是 -1 的平方根，也是方程 $x^2+1=0$ 的解. 这样就解决了 $x^2+1=0$ 在实数集 **R** 中找不到解的问题.

根据规定还可得 i^n 的周期性：

$i^1=i$；　$i^2=-1$；　$i^3=-i$；　$i^4=1$.

$i^{4n+1}=i$；　$i^{4n+2}=-1$；　$i^{4n+3}=-i$；　$i^{4n}=1$　　（$n \in \mathbf{N}$）.

按照规定（2），可以出现形如 $a+bi(a,b \in \mathbf{R})$ 的数. 我们把形如 $a+bi(a,b \in \mathbf{R})$ 的数叫作复数. 全体复数所组成的集合叫作复数集，用字母 **C** 表示.

这样，数系又一次得到了扩充，并且有 $\mathbf{N} \subset \mathbf{Z} \subset \mathbf{Q} \subset \mathbf{R} \subset \mathbf{C}$.

9.1.2 复数的分类

复数 $a+bi(a,b \in \mathbf{R})$ 通常用字母 z 表示，即 $z=a+bi(a,b \in \mathbf{R})$. $a+bi(a,b \in \mathbf{R})$ 叫作复

数的代数形式. a 叫作复数 z 的实部，b 叫作复数 z 的虚部.

对于复数 $z=a+bi(a,b\in\mathbf{R})$：

当且仅当 $b=0$ 时，复数 $z=a+bi(a,b\in\mathbf{R})$ 是实数 a；

当且仅当 $a=b=0$ 时，$z=a+bi(a,b\in\mathbf{R})$ 等于 0；

当 $b\neq0$ 时，复数 $z=a+bi(a,b\in\mathbf{R})$ 叫作虚数；

当 $a=0$ 且 $b\neq0$ 时，$z=bi$ 叫作纯虚数.

知识链接

古代的计数系统

早在原始人时代，人们在生产活动中注意到一只羊与许多羊，一头狼与整群狼在数量上的差异，随着时间的推移慢慢地产生了数的概念. 数的概念的形成可能与火的使用一样古老，大约是在 30 万年以前，它对于人类文明的意义也绝不亚于火的使用.

最早人们利用自己的十个指头来计数，当指头不敷应用时，人们开始采用"石头计数""结绳计数"和"刻痕计数". 在经历了数万年的发展后，直到距今五千多年前，才出现了书写计数以及相应的计数系统.

数字符号的演变，如同我们每一个认识的过程，经历着从具体到抽象、从简单到复杂、从形似到神似，并且不断美化. 下面是各个古代文明自己的数字系统：

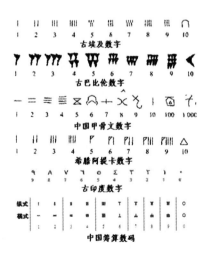

例9.1 请说出下列复数的实部和虚部，并指出哪些是实数？哪些是虚数？哪些是纯虚数？

$$2+3i,2-3i,2,0,-3i,-2i+3.$$

答:2+3i 是虚数,实部是 2,虚部是 3;

2−3i 是虚数,实部是 2,虚部是−3;

2 是实数,实部是 2,虚部是 0;

0 是实数,实部是 0,虚部是 0;

−3i 是纯虚数,实部是 0,虚部是−3;

−2i+3 是虚数,实部是 3,虚部是−2.

例 9.2 当 a 为何实数时,复数 $z=a^2-2a-3+(a^2-a-6)i$ 是

(1)实数? (2)虚数? (3)纯虚数? (4)零?

解:(1)若为实数,需满足 $a^2-a-6=0$.

解之得 $a=3$ 或 $a=-2$.

(2)若为虚数,只需 $a^2-a-6\neq0$,

解得 $a\neq-2$ 且 $a\neq3$.

(3)若为纯虚数,需满足 $a^2-a-6\neq0$,$a^2-2a-3=0$,

解得 $a=-1$.

(4)若为 0,需满足 $a^2-a-6=0$,$a^2-2a-3=0$,

解得 $a=3$.

9.1.3 复数的相等

当且仅当两个复数的实部和虚部分别相等时,我们说这两个复数相等. 这就是说 $a+bi=c+di\Leftrightarrow a=c,b=d$,其中 $a,b,c,d\in\mathbf{R}$.

一般地,两个复数只能说相等或不相等,而不能比较大小. 如 3+5i 与 4+3i 不能比较大小. 只有两个复数都是实数时,才可以比较大小.

例 9.3 已知复数 $3x+2i$ 与 $y+(y-1)i$ 相等,其中 $x,y\in\mathbf{R}$,求 x 与 y 的值.

解:根据复数相等的定义可得

$$\begin{cases}3x=y\\2=y-1\end{cases}$$

$\therefore x=1,\quad y=3.$

练习 9.1

1. 请说出下列复数的实部和虚部,并指出哪些是实数? 哪些是虚数? 哪些是纯虚数?

$$4+3i,2-i,-5i,-2i+1,3,i^2,i^5.$$

2. m 为何实数时,复数 $(m^2-3m+2)+(m^2-5m+6)i$ 是

(1)实数? (2)虚数? (3)纯虚数? (4)零?

3. 复数 $(2x^2+5x+2)+(x^2+x-2)i$ 为虚数,则实数 x 满足(   ).

A. $x=-\dfrac{1}{2}$ B. $x=-2$ 或$-\dfrac{1}{2}$ C. $x\neq-2$ D. $x\neq1$ 且 $x\neq-2$

4. 求满足下列条件的 x 与 $y(x,y\in\mathbf{R})$ 的值:

（1）$2+4i=x+(3+y)i$；

（2）$(x-1)+(y+3)i=0$.

9.2 复数的四则运算

9.2.1 复数的加减运算

设 $z_1=a+bi,z_2=c+di(a,b,c,d\in\mathbf{R})$ 是任意两个复数,规定复数的加法、减法按照以下法则进行：

$$z_1+z_2=(a+bi)+(c+di)=(a+c)+(b+d)i$$
$$z_1-z_2=(a+bi)-(c+di)=(a-c)+(b-d)i$$

即两个复数相加（减）其结果也是复数,实部相加（减）做实部,虚部相加（减）做虚部.

复数的加法运算满足交换律、结合律：

$$z_1+z_2=z_2+z_1.$$
$$(z_1+z_2)+z_3=z_1+(z_2+z_3).$$

例 9.4 计算：$(5-6i)-(3+4i)$.

解：$(5-6i)-(3+4i)=(5-3)+(-6-4)i=2-10i$.

例 9.5 计算：$(5-6i)+(-2-i)-(3+4i)$

解：$(5-6i)+(-2-i)-(3+4i)=(5-2-3)+(-6-1-4)i=-11i$.

例 9.6 计算：

$(1-2i)+(-2+3i)+(3-4i)+(-4+5i)+\cdots+(-2\,002+2\,003i)+(2\,003-2\,004i)$.

解法一：原式 $=(1-2+3-4+\cdots-2\,002+2\,003)+(-2+3-4+5+\cdots+2\,003-2\,004)i$

$\qquad\quad =(2\,003-1\,001)+(1\,001-2\,004)i$

$\qquad\quad =1\,002-1\,003i$.

解法二：$\because\ (1-2i)+(-2+3i)=-1+i$,

$\qquad\quad (3-4i)+(-4+5i)=-1+i$,

$\qquad\quad \cdots\cdots$

$\qquad\quad (2\,001-2\,002i)+(-2\,002+2\,003)i=-1+i$.

$\therefore$ 相加得（共有 1001 个式子）

原式 $=1\,001(-1+i)+(2\,003-2\,004i)$

$\quad =(2\,003-1\,001)+(1\,001-2\,004)i$

$\quad =1\,002-1\,003i$.

练习 9.2

1. 计算：

（1）$(6+2i)+(1-3i)$；

(2)$(-3-4i)-(-3+4i)$

(3)$(1-2i)+(-1+5i)-3i$;

(4)$(3+i)-(-3+i)+(1-3i)+i$;

(5)$(1-2i)-(2-3i)+(3-4i)-\cdots-(2\ 002-2\ 003i)$

(6)$(2x+3yi)-(3x-2yi)+(y-2xi)-3xi$,其中 $x,y\in\mathbf{R}$.

2.一个实数与一个虚数的差（ ）.

A. 不可能是纯虚数   B. 可能是实数

C. 不可能是实数   D. 无法确定是实数还是虚数

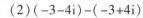

知识链接

"阿拉伯数字"的由来

通常,我们把 1,2,3,4……9,0 称为"阿拉伯数字". 现在,这套数字已被全世界所采用. 其实,这些数字并不是阿拉伯人创造的,它们最早产生于古代的印度. 那么,人们为什么把它们称为"阿拉伯数字"呢?

公元 8 世纪,印度一位叫堪克的数学家,携带数字书籍和天文图表,随着商人的驼群,来到了阿拉伯的首都巴格达城. 这时,中国的造纸术正好传入阿拉伯. 于是,他的书籍很快被翻译成阿拉伯文,印度数字也随之传播到阿拉伯各地. 随着东西方商业的往来,公元 12 世纪,这套数字由阿拉伯商人传入欧洲. 由于这套数字及其所采用的十进位制计数法具有许多优点,欧洲人很喜爱这套方便适用的计数符号,因此逐渐传播到全世界,为世界各国所使用. 由于这套数字符号由阿拉伯广泛流传出来,大家都以为这是阿拉伯数字,因此称之为阿拉伯数字. 尽管后来人们知道了事情的真相,但由于习惯了,就一直没有改正过来.

9.2.2 复数的乘法运算

设 $z_1=a+bi,z_2=c+di\,(a,b,c,d\in\mathbf{R})$ 是任意两个复数,规定复数的乘法按照以下法则进行:

$$(a+bi)(c+di)=ac+bci+adi+bdi^2=(ac-bd)+(bc+ad)i.$$

两个复数相乘类似两个多项式相乘,在所得的结果中把 i^2 换成 -1,并且把实部与虚部分别合并. 两个复数的积仍然是一个复数.

乘法运算满足交换律、结合律、乘法对加法的分配律:

$$z_1z_2=z_2z_1$$

$$z_1(z_2z_3)=(z_1z_2)z_3$$

$$z_1(z_2+z_3)=z_1z_2+z_1z_3$$

例9.7 计算:$(-1+5i)(3-4i)$.

解:$(-1+5i)(3-4i)$

$$= (-1)\times3+15i+4i-20i^2$$

$$= 17+19i.$$

例9.8 计算:$(3+4i)(3-4i)$.

解法一:$(3+4i)(3-4i)$

$$= 3\times3+12i-12i-16i^2$$

$$= 9+16$$

$$= 25.$$

解法二:$(3+4i)(3-4i)=3^2-(4i)^2=9-(-16)=25$.

例9.9 计算:$(1+i)^2$.

解:$(1+i)^2=1+2i+i^2=1+2i-1=2i$.

例9.10 计算:$(-2-i)(3-2i)(-1+3i)$

解:$(-2-i)(3-2i)(-1+3i)=(-8+i)(-1+3i)=5-25i$.

练习 9.3

1. 计算:

(1) $(1-2i)(3+2i)$;

(2) $(4-3i)(4+3i)$;

(3) $(1-i)(3+4i)(1+i)$;

(4) $(1-i)^2$.

2. $(1+i)^{20}-(1-i)^{20}$ 的值是( ).

A. $-1\,024$ 　　　　B. $1\,024$ 　　　　C. 0 　　　　D. $1\,024$

3. 计算$(a+bi)(a-bi)(a,b\in\mathbf{R})$.

9.2.3 复数的除法运算

当两个复数的实部相等、虚部互为相反数时,我们称这两个复数互为共轭复数,如$(a+bi)$和$(a-bi)(a,b\in\mathbf{R})$互为共轭复数,通常记复数 z 的共轭复数为 $\bar{z}$.

虚部不等于 0 的两个共轭复数也叫作共轭虚数.

　　　　　$(c+di)(c-di)=$?

互为共轭复数的两个复数的积是实数. 利用这一点,我们可以解决复数相除的问题.

例9.11 计算:$(a+bi)\div(c+di)$.

解:$(a+bi)\div(c+di)=\dfrac{a+bi}{c+di}=\dfrac{(a+bi)(c-di)}{(c+di)(c-di)}$

$$= \dfrac{[ac+bi\cdot(-di)]+(bc-ad)i}{c^2+d^2}$$

$$= \frac{(ac+bd)+(bc-ad)\mathrm{i}}{c^2+d^2}$$

$$= \frac{ac+bd}{c^2+d^2} + \frac{bc-ad}{c^2+d^2}\mathrm{i}.$$

$$\therefore (a+b\mathrm{i}) \div (c+d\mathrm{i}) = \frac{ac+bd}{c^2+d^2} + \frac{bc-ad}{c^2+d^2}\mathrm{i}.$$

两个复数相除，就是把它们的商写成分式的形式，然后把分子与分母都乘以分母的共轭复数，再把结果化简. 复数代数形式的除法，可概括为一句话：分母实数化.

例 9.12 计算：$(1+2\mathrm{i}) \div (3-4\mathrm{i})$.

解：$(1+2\mathrm{i}) \div (3-4\mathrm{i}) = \dfrac{1+2\mathrm{i}}{3-4\mathrm{i}} = \dfrac{(1+2\mathrm{i})(3+4\mathrm{i})}{(3-4\mathrm{i})(3+4\mathrm{i})}$

$$= \frac{3-8+6\mathrm{i}+4\mathrm{i}}{3^2+4^2}$$

$$= \frac{-5+10\mathrm{i}}{25}$$

$$= -\frac{1}{5} + \frac{2}{5}\mathrm{i}.$$

例 9.13 计算：$\dfrac{(1-4\mathrm{i})(1+\mathrm{i})+2+4\mathrm{i}}{3+4\mathrm{i}}$.

解：$\dfrac{(1-4\mathrm{i})(1+\mathrm{i})+2+4\mathrm{i}}{3+4\mathrm{i}} = \dfrac{1+4-3\mathrm{i}+2+4\mathrm{i}}{3+4\mathrm{i}} = \dfrac{7+\mathrm{i}}{3+4\mathrm{i}}$

$$= \frac{(7+\mathrm{i})(3-4\mathrm{i})}{3^2+4^2}$$

$$= \frac{21+4+3\mathrm{i}-28\mathrm{i}}{25}$$

$$= \frac{25-25\mathrm{i}}{25}$$

$$= 1-\mathrm{i}.$$

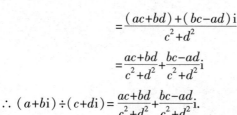

练习 9.4

1. 计算：

(1) $\dfrac{3-4\mathrm{i}}{2+5\mathrm{i}}$；

(2) $\dfrac{1+\mathrm{i}}{1-\mathrm{i}}$；

(3) $\dfrac{1-2\mathrm{i}}{\mathrm{i}}$；

(4) $\dfrac{1-\mathrm{i}}{1+\mathrm{i}}$.

2. 判断对错.

A. 当 z 为实数时，$z = \bar{z}$

B. $z + \bar{z}$ 为实数

C. z^2 为实数

D. $z\bar{z}$ 为实数

3. 设 $z = 3+\mathrm{i}$，则 $\dfrac{1}{z}$ 等于（　　）.

A. 3+i   B. 3−i

C. $\dfrac{3}{10}i+\dfrac{1}{10}$ D. $\dfrac{3}{10}+\dfrac{1}{10}i$

4. 若 $x-2+yi$ 与 $3x+i(x,y\in\mathbf{R})$ 互为共轭复数,求实数 x 和 y 的值.

9.3 复数的几何形式

9.3.1 用直角坐标平面内的点表示复数

复数 $z=a+bi(a,b\in\mathbf{R})$ 与有序实数对 (a,b) 可以建立一一对应关系,如 $z=3+2i$ 对应有序实数对 $(3,2)$,而有序实数对 $(-2,1)$ 与 $z=-2+i$ 对应;又因为有序实数对与平面直角坐标系中的点是一一对应的,由此可知,复数集与平面直角坐标系上的点集之间可以建立一一对应的关系. 也就是说,复数 $z=a+bi(a,b\in\mathbf{R})$ 可用直角坐标平面内的点 $Z(a,b)$ 表示(图 9.1). 用点 $Z(a,b)$ 表示复数 $z=a+bi(a,b\in\mathbf{R})$ 是复数的一种几何表示形式.

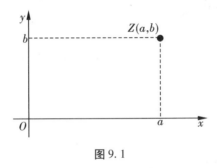

图 9.1

这个用直角坐标系来表示复数的平面叫作复平面,x 轴叫作实轴,y 轴叫作虚轴.

实轴上的点都表示实数.

虚轴上的点除原点外,表示纯虚数.

在复平面内的原点 $(0,0)$ 表示实数 0,实轴上的点 $(2,0)$ 表示实数 2,虚轴上的点 $(0,-1)$ 表示纯虚数 $-i$,虚轴上的点 $(0,5)$ 表示纯虚数 $5i$.

例 9.14 若 $\theta\in\left(\dfrac{1}{2}\pi,\pi\right)$,则复数 $\cos\theta+\sin\theta i$ 在复平面内所对应的点在(   ).

A. 第一象限   B. 第二象限

C. 第三象限   D. 第四象限

解:因为 $\theta\in\left(\dfrac{1}{2}\pi,\pi\right)$,所以 $\cos\theta<0,\sin\theta>0$.

所以 $\cos\theta+\sin\theta i$ 在复平面内所对应的点在第二象限,故选 B.

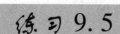

练习 9.5

1. 设 $z=a+bi(a,b\in\mathbf{R})$，当 $a=0$ 时，复平面内与复数 z 对应的点 Z 的轨迹为（   ）.

A. 实轴   B. 虚轴

C. 原点   D. 虚轴与原点

2. 若 $z_1=2+i$，$z_2=3+ai(a\in\mathbf{R})$，复数 z_1+z_2 所对应的点在实轴上，则 $a=$ _____.

3. 在复平面内，与 $z=-1-i$ 的共轭复数对应的点位于（   ）.

A. 第一象限   B. 第二象限

C. 第三象限   D. 第四象限

4. 在复平面内，复数 $z=i(1+2i)$ 对应的点位于（   ）.

A. 第一象限   B. 第二象限

C. 第三象限   D. 第四象限

9.3.2　复数的向量形式

如图 9.2 所示，复平面内以原点为起点、点 $Z(a,b)$ 为终点的向量 $\overrightarrow{OZ}$，由点 $Z(a,b)$ 唯一确定，而复数和复平面内的点一一对应，因此，我们可以用向量 $\overrightarrow{OZ}$ 来表示复数 $z=a+bi$ $(a,b\in\mathbf{R})$.

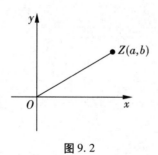

图 9.2

这样，复数 $z=a+bi(a,b\in\mathbf{R})$ 可说成点 $Z(a,b)$ 或向量 $\overrightarrow{OZ}$. 我们说向量 $\overrightarrow{OZ}$ 是复数 $z=a+bi(a,b\in\mathbf{R})$ 的另外一种几何形式——向量形式.

向量 $\overrightarrow{OZ}$ 的模（即线段 OZ 的长度）叫作复数 $z=a+bi(a,b\in\mathbf{R})$ 的模（或绝对值），记作 $|z|$ 或 $|a+bi|$，从而有

$$|z|=|a+bi|=|\overrightarrow{OZ}|=\sqrt{a^2+b^2}.$$

复数 z 的模可看作是点 $Z(a,b)$ 到原点的距离.

例 9.15　求复数 $1+2i$ 与 $1-2i$ 的模，并比较它们模的大小.

解：∵ $|1+2i|=\sqrt{1^2+2^2}=\sqrt{5}$ ；

$|1-2i|=\sqrt{1^2+(-2)^2}=\sqrt{5}$ ；

∴ $|1+2i|=|1-2i|$.

例 9.16 满足条件 $|z|=|3+4i|$ 的复数 z 在复平面上对应的点的轨迹是什么图形?

解:因为 $|3+4i|=\sqrt{3^2+4^2}=5$;所以复数 z 在复平面上对应点的轨迹是以原点为圆心,5 为半径的圆.

练习 9.6

1. 在复平面内,画出表示下列复数的向量,并分别求出它们的模.

(1)$1+i$;　　　(2)$-4+2i$;　　　(3)$-3i$;

(4)2;　　　　(5)$3i$;　　　　(6)0

2. 满足条件 $|z|=2$ 的复数 z 在复平面上对应点的轨迹是(　　).

A. 一条直线　　　B. 两条直线　　　C. 圆　　　D. 椭圆

9.4　复数加法、减法的几何意义

设复数 $z_1=a+bi$,$z_2=c+di$ $(a,b,c,d\in\mathbf{R})$,如图 9.3 所示,在复平面上所对应的向量为 $\overrightarrow{OZ_1},\overrightarrow{OZ_2}$,即 $\overrightarrow{OZ_1},\overrightarrow{OZ_2}$ 的坐标形式为 $\overrightarrow{OZ_1}=(a,b)$,$\overrightarrow{OZ_2}=(c,d)$.

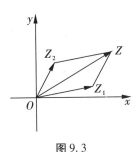

图 9.3

复数加法的几何意义:以 $\overrightarrow{OZ_1},\overrightarrow{OZ_2}$ 为邻边作平行四边形 OZ_1ZZ_2,则对角线 OZ 对应的向量 $\overrightarrow{OZ}$ 对应两个复数的和 z_1+z_2.

即 $\overrightarrow{OZ}=\overrightarrow{OZ_1}+\overrightarrow{OZ_2}=(a,b)+(c,d)=(a+c,b+d)=(a+c)+(b+d)i$.

复数减法的几何意义:复数减法是加法的逆运算,由复数加法几何意义,以 $\overrightarrow{OZ}$ 为一条对角线,$\overrightarrow{OZ_1}$ 为一条边画平行四边形,那么这个平行四边形的另一边 OZ_2 所表示的向量 $\overrightarrow{OZ_2}$ 就与复数 $z-z_1$ 对应. 由于 $\overrightarrow{OZ_2}=\overrightarrow{Z_1Z}$(方向相同、长度相等的向量相等,与起点位置无关),相等的向量表示相同的复数,所以我们可以说向量 $\overrightarrow{Z_1Z}$ 表示复数 $z-z_1$,即向量的终点对应的复数减去起点对应的复数,切不可把被减数与减数搞错.

因为复数 $z-z_1$ 的模等于向量 $\overrightarrow{Z_1Z}$ 的模(长度),所以复数 $z-z_1$ 的模也等于 Z 和 Z_1 两点之间的距离.

例9.17 复数 $z_1=1+2i, z_2=-2+i, z_3=-1-2i$，它们在复平面上的对应点是一个正方形的三个顶点（图9.4），求这个正方形的第四个顶点对应的复数.

解：设复数 z_1, z_2, z_3 所对应的点为 A, B, C，正方形的第四个顶点 D 对应的复数为 $x+yi$ （$x, y \in \mathbf{R}$），是

$$\overrightarrow{AD}=\overrightarrow{OD}-\overrightarrow{OA}=(x+yi)-(1+2i)=(x-1)+(y-2)i;$$

$$\overrightarrow{BC}=\overrightarrow{OC}-\overrightarrow{OB}=(-1-2i)-(-2+i)=1-3i.$$

$$\because \overrightarrow{AD}=\overrightarrow{BC}, \text{即}(x-1)+(y-2)i=1-3i,$$

$$\therefore \begin{cases} x-1=1, \\ y-2=-3, \end{cases}$$

解得 $\begin{cases} x=2, \\ y=-1. \end{cases}$

故点 D 对应的复数为 $2-i$.

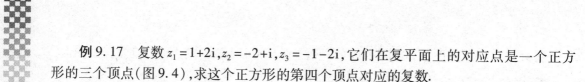

图9.4

练习 9.7

1. 已知复数 $z_1=2+i, z_2=1+2i$ 在复平面内对应的点分别为 A, B，求 $\overrightarrow{AB}$ 和 $\overrightarrow{BA}$ 对应的复数.

2. 满足条件 $|z-i|=|3+4i|$ 的复数 z 在复平面上对应点的轨迹是（　　）.

A. 一条直线　　　　B. 两条直线　　　　C. 圆　　　　D. 椭圆

3. 若 $|z-3-4i| \leqslant 2$，则复数 z 的对应点的轨迹是什么图形？

应用赏析

复数方程带来的奇幻图

我们大多数人并不知道，虚数能带给我们什么，这里来了解一下能看得见的虚数世界.

任何计算机都能实施必要的迭代，对于多项式"x^2-1"进行迭代，则是：把起始的数平方，减去1以产生新的数，用这个新的数再平方减1得到另一个新数，如此一次次的继续. 多项式"x^2-1"在迭代下做不出什么特别令人兴奋的东西，从通常的实数决定的任何起始点开始，继续的值显示出单调的可预测性. 当用复数代替实数时，绚丽的"焰火"就开始了，原来只是墙内的裂缝，随着复数的引入变成完全长成的图形窗口. 显露出真正惊人的混沌景象.

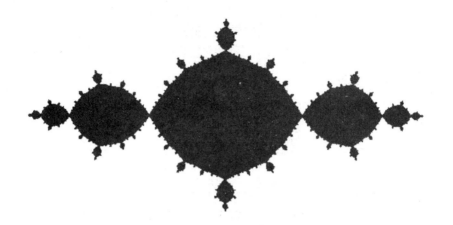

对多项式"z^2+c"进行迭代,这里c是已知的复数. 因为复数表示二维中点的坐标,每次迭代可以看作从平面上一个点到另一个点的一次跳跃. 像在实数情形中一样,跳跃的集合可以设想成一条轨迹或轨道,不同的c值,将产生不同的图形.

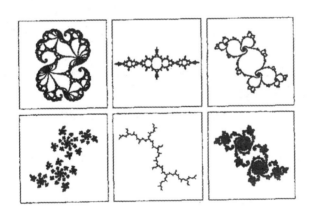

这些图形是不是很漂亮? 法国数学家加斯顿·朱利亚绘制有厚厚的一沓. 数学家曼德尔布罗特,用计算机收集朱利亚的图形,并涂色,得到了更绚丽的图形.

本章小结

一、知识结构

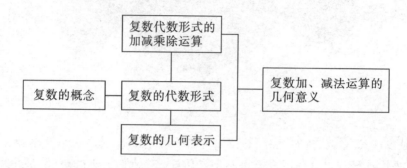

二、知识总结与方法回顾

（一）复数的有关概念

（1）形如 $a+bi(a,b\in\mathbf{R})$ 的数叫作复数,其中 i 叫作虚数单位,a,b 分别叫作复数 $a+bi$（$a,b\in\mathbf{R}$）的实部、虚部,$a+bi(a,b\in\mathbf{R})$ 叫作复数的代数形式. 在这一概念中易忽视 $a,b\in\mathbf{R}$ 这一条件.

（2）对于复数 $a+bi(a,b\in\mathbf{R})$,当且仅当 $b=0$ 时,它是实数;当 $b\neq0$ 时,它叫作虚数;当 $a=0$ 且 $b\neq0$ 时,叫作纯虚数.

（3）两复数相等:当且仅当两复数的实部和虚部都分别相等时,这两个复数称为相等的复数.

特别地,两个实数可以比较大小,但两个复数不全是实数时,不能比较大小.

（二）复数的几何表示

复数 $z=a+bi(a,b\in\mathbf{R})$ 由有序实数对 (a,b) 唯一确定,而每一个有序实数对 (a,b) 在平面直角坐标系中,唯一确定点 $Z(a,b)$（或一个向量 $\overrightarrow{OZ}$）,从而可建立复数 $z=a+bi$（$a,b\in\mathbf{R}$）与点 $Z(a,b)$ 及向量 $\overrightarrow{OZ}$ 间的一一对应关系,由此,引入了复平面、实轴、虚轴以及复数的模等概念.

复数 $z=a+bi(a,b\in\mathbf{R})$、点 $Z(a,b)$ 及向量 $\overrightarrow{OZ}$ 之间的对应关系如下图.

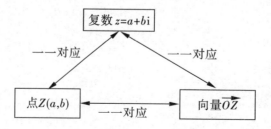

由三者的一一对应关系,我们可以把复数、向量以及解析几何题目有机地结合起来,

使问题的解决更为灵活.

（三）复数代数形式的加减乘除运算

（1）复数代数形式的加减法,只需将它们的实部和虚部分别相加减即得

$$(a+bi)\pm(c+di)=(a\pm c)+(b\pm d)i.$$

（2）复数代数形式的乘法,可类似于多项式的乘法运算,展开后合并即得

$$(a+bi)(c+di)=(ac-bd)+(ad+bc)i.$$

（3）复数代数形式的除法,可概括为一句话:分母实数化.

$$\frac{a+bi}{c+di}=\frac{(a+bi)(c-di)}{(c+di)(c-di)}=\frac{ac+bd}{c^2+d^2}+\frac{bc-ad}{c^2+d^2}i(c+di\neq0).$$

（四）虚数单位 i 的有关结论

（1）$i^2=-1$;$(1\pm i)^2=\pm 2i$;$\frac{1+i}{1-i}=i$;$\frac{1-i}{1+i}=-i$ 在解题中的应用.

（2）i^n 的周期性的使用:包括

$$i^{4n}=1,i^{4n+1}=i,i^{4n+2}=-1,i^{4n+3}=-i \text{ 以及 } i^n+i^{n+1}+i^{n+2}+i^{n+3}=0.$$

（3）1 的虚立方根 $\omega=-\frac{1}{2}\pm\frac{\sqrt{3}}{2}i$ 的性质:$\omega^3=1$,$\omega^2+\omega+1=0$,$\omega^2=\frac{1}{\omega}=\overline{\omega}$.

（五）复数的模

向量 $\overrightarrow{OZ}$ 的模(即线段 OZ 的长度)叫作复数 $z=a+bi(a,b\in\mathbf{R})$ 的模(或绝对值),记作 $|z|$ 或 $|a+bi|$,

$$|z|=|\overrightarrow{OZ}|=|a+bi|=\sqrt{a^2+b^2}.$$

复数 z 的模可看作是点 $Z(a,b)$ 到原点的距离.

复数 $z-z_1$ 的模等于 Z 和 Z_1 两点之间的距离.

（六）共轭复数的有关结论

（1）两复数的和、差、积、商的共轭复数等于它们共轭复数的和、差、积、商. 即

$$\overline{z_1\pm z_2}=\overline{z_1}\pm\overline{z_2},\overline{z_1z_2}=\overline{Z_1}\,\overline{Z_2},(\overline{\frac{z_1}{z_2}})=\frac{\overline{z_1}}{\overline{z_2}};$$

（2）$z+\overline{z}=0\Leftrightarrow z=0$ 或 z 为纯虚数;

（3）$\overline{Z}Z=|z|^2=|\overline{z}|^2$.

（七）常见几何曲线的复数形式的方程

设 $z_1=a+bi,z_2=c+di(a,b,c,d\in\mathbf{R})$,点 $Z_1(a,b),Z_2(c,d)$.

（1）两点 Z_1,Z_2 间的距离公式 $d=|z_1-z_2|$;

（2）线段 Z_1Z_2 的垂直平分线方程 $|z-z_1|=|z-z_2|$;

（3）以点 Z_1 为圆心,以 r 为半径的圆的方程 $|z-z_1|=r$;

（4）$|z-z_1|+|z-z_2|=2a\begin{cases}\text{当 }2a=|z_1-z_2| \text{ 时,表示线段;}\\\text{当 }2a>|z_1-z_2| \text{ 时,表示以 }Z_1,Z_2 \text{ 为焦点的椭圆.}\end{cases}$

（5）$|z-z_1|-|z-z_2|=\pm 2a$ ($|2a|<|z_1-z_2|$)表示以 Z_1,Z_2 为焦点的双曲线;

（6）$r<|z-z_1|<R$ 表示以点 Z_1 为圆心,以 r 为半径的小圆和以 R 为半径的大圆所形

成的圆环区域(不包括边界).

练一练

1. 复数 $z_1 = a + |b|\,\mathrm{i}, z_2 = c + |d|\,\mathrm{i}(a, b, c, d \in \mathbf{R})$，则 $z_1 = z_2$ 的充要条件是_____.

2. 下面四个命题中，正确的命题是(　　).

A. 0 比 $-\mathrm{i}$ 大

B. 两个复数互为共轭复数，当且仅当其和为实数

C. $x + y\mathrm{i} = 1 + \mathrm{i}(x, y \in \mathbf{R})$ 的充要条件为 $x = y = 1$

D. 如果让实数 a 与 $a\mathrm{i}$ 对应，那么实数集与纯虚数集——对应

3. $(\mathrm{i} - \mathrm{i}^{-1})^3$ 的虚部为(　　).

A. 8i   B. $-8\mathrm{i}$ C. 8   D. -8

4. 设 $z_1 = \mathrm{i}^4 + \mathrm{i}^5 + \mathrm{i}^6 + \mathrm{i}^7 + \cdots + \mathrm{i}^{11} + \mathrm{i}^{12}, z_2 = \mathrm{i}^4 \cdot \mathrm{i}^5 \cdot \mathrm{i}^6 \cdot \mathrm{i}^7 \cdot \cdots \cdot \mathrm{i}^{11} \cdot \mathrm{i}^{12}$，则 z_1, z_2 的关系是(　　).

A. $z_1 = z_2$ B. $z_1 = -z_2$ C. $z_1 = 1 + z_2$ D. 无法确定

5. 计算 $\mathrm{i} + 2\mathrm{i}^2 + 3\mathrm{i}^3 + \cdots + 2\,000\mathrm{i}^{2\,000} = $_____.

6. 已知复数 $z_1 = 4 + \mathrm{i}, z_2 = t + \mathrm{i}$，且 $z_1 \cdot \overline{z_2}$ 是实数，则实数 t 的值_____.

7. 已知 $0 < a < 2$，复数 z 的实部为 a，虚部为 1，则 $|z|$ 的取值范围是_____.

8. 已知复数 z 满足 $|z|^2 - 2|z| - 3 = 0$，则复数 z 的对应点的轨迹是什么图形？

9. 满足条件 $|z + 3\mathrm{i}| + |z - 3\mathrm{i}| = 10$ 的复数 z 的对应点的轨迹是什么图形？

10. 已知复数 $z_1 = \cos\theta - \mathrm{i}, z_2 = \sin\theta + \mathrm{i}$，求 $|z_1 \cdot z_2|$ 的最大值和最小值.

本章练习参考答案

练习 9.1

1. $4 + 3\mathrm{i}$ 是虚数，实部是 4，虚部是 3；

$2 - \mathrm{i}$ 是虚数，实部是 2，虚部是 -1；

$-5\mathrm{i}$ 是纯虚数，实部是 0，虚部是 -5；

$-2\mathrm{i} + 1$ 是虚数，实部是 1，虚部是 -2；

3 是实数；实部是 3，虚部是 0；

$\mathrm{i}^2(= -1)$ 是实数；实部是 -1，虚部是 0；

$\mathrm{i}^5(= \mathrm{i})$ 是纯虚数，实部是 0，虚部是 1.

2. (1) 若为实数，需满足 $m^2 - 5m + 6 = 0$，解之得 $m = 2$ 或 $m = 3$；

(2) 若为虚数，只需 $m^2 - 5m + 6 \neq 0$，解之得 $m \neq 2$ 且 $m \neq 3$.

(3) 若为纯虚数，需满足 $m^2 - 3m + 2 = 0, (m^2 - 5m + 6) \neq 0$，解得 $m = 1$.

(4) 若为零，需满足 $m^2 - 3m + 2 = 0, m^2 - 5m + 6 = 0$，解得 $m = 2$.

3. D.

4. (1) $x=2, y=1$; (2) $x=1, y=-3$.

练习 9.2

1. (1) $(6+2i)+(1-3i)=7-i$;

(2) $(-3-4i)-(-3+4i)=-8i$;

(3) $(1-2i)+(-1+5i)-3i=0$;

(4) $(3+i)-(-3+i)+(1-3i)+i=7-2i$;

(5) $(1-2i)-(2-3i)+(3-4i)-\cdots-(2\ 002-2\ 003i)=-1\ 001+1\ 001i$

(6) $(2x+3yi)-(3x-2yi)+(y-2xi)-3xi=(-x+y)+(5y-5x)i$.

2. C.

练习 9.3

1. (1) $(1-2i)(3+2i)=3-6i+2i-4i^2=7-4i$;

(2) $(4-3i)(4+3i)=4^2-(3i)^2=16+9=25$;

(3) $(1-i)(3+4i)(1+i)=(1^2-i^2)(3+4i)=6+8i$;

(4) $(1-i)^2=-2i$.

2. C.

3. a^2+b^2.

练习 9.4

1. (1) $-\dfrac{14}{29}-\dfrac{23}{29}i$; (2) i; (3) $-2-i$; (4) $-i$.

2. A. 对； B. 对； C. 错； D. 对.

3. D.

4. $x=-1, y=-1$.

练习 9.5

1. B；

2. $a=-1$；

3. B；

4. B.

练习 9.6

1. (1) $\sqrt{2}$; (2) $2\sqrt{5}$; (3) 3; (4) 2; (5) 3; (6) 0.

2. C.

练习 9.7

1. $\overrightarrow{AB}$ 对应的复数: $z_2-z_1=(1+2i)-(2+i)=-1+i$,

$\overrightarrow{BA}$ 对应的复数: $z_1-z_2=(2+i)-(1+2i)=1-i$.

2. C.

3. 复数 z 对应点的轨迹是以 $(3,4)$ 为圆心, 2 为半径的圆及其内部.

练一练

1. $a=c$, 且 $|b|=|d|$.

2. C.

3. D.

4. A.

5. $1\,000(1-i)$. (提示：利用错位相减法求和)

6. $t=4$.

7. $1<|z|<\sqrt{5}$.

8. 由 $|z|^2-2|z|-3=0$ 得 $|z|=3$, $|z|=-1$（舍去），

所以复数 z 的对应点的轨迹是以原点为圆心，3 为半径的圆.

9. 复数 z 对应的点的轨迹是以 $(0,-3)$, $(0,3)$ 为焦点的椭圆.

10. $|z_1 \cdot z_2| = |1+\sin\theta\cos\theta+(\cos\theta-\sin\theta)i| = \sqrt{(1+\sin\theta\cos\theta)^2+(\cos\theta-\sin\theta)^2}$

$= \sqrt{2+\sin^2\theta\cos^2\theta} = \sqrt{2+\frac{1}{4}\sin^2 2\theta}$.

故 $|z_1 \cdot z_2|$ 的最大值为 $\dfrac{3}{2}$，最小值为 $\sqrt{2}$.

第 10 章

空间点、直线、平面之间的位置关系

在初中平面几何里,我们研究了一些常见的平面图形的基本性质和画法;平面图形(由在同一平面内的点、线、面组成)和立体图形(由不在同一平面内的点、线、面组成)统称为空间图形. 虽然空间图形的几何结构各不相同,但它们都可以借助于空间点、直线、平面之间的位置关系来研究. 因此,在本章我们将重点研究平面的基本性质和空间中直线与直线、直线与平面、平面与平面的位置关系. 为进一步研究和应用空间图形、培养空间想象能力和逻辑推理能力、提高我们进行幼儿教学的综合素质奠定基础.

10.1　平面及其基本性质

10.1.1　平面的概念

知识链接

几何学的发展

几何学的发展大致经历了实验几何、理论几何、解析几何和现代几何四个阶段.

几何学最早产生于对天空星体形状、排列位置的观察,丈量土地、测量容积、制造器皿与绘制图形等实践活动的需要,人们在观察、实践、实验的基础上积累了丰富的几何经验,形成了一批粗略的概念,形成了实验几何. 例如,我国古代的勾股定理和简易测量知识;《墨经》中载有"圜(圆),一中同长也""平(平行),同高也". 随着埃及的几何知识逐渐传入古希腊. 古希腊许多数学家如泰勒斯、毕达哥拉斯、柏拉图、欧几里得等人都对几何学的研究做出了重大贡献. 欧几里得编写的《几何原本》十三卷,奠定了理论几何的基础. 15、16 世纪,以法国笛卡尔为代表的科学家主张将几何、代数结合起来取长补短,促进了解析几何学的出现. 19 世纪 20 年代,俄国喀山大学教授罗巴切夫斯基在证明第五公设的过程中,从一个与第五公设相矛盾的命题展开一系列的推理, 他终于在 1826 年正式开创了一门崭新的学科——非欧几何学. 他的独创性研究得到学术界的高度评价和一致赞美,被人们赞誉为"几何学中的哥白尼".

欧几里得(公元前 325 年—前 265 年)

尼古拉斯·伊万诺维奇·罗巴切夫斯基
(1792—1856 年)

通过小学和初中的学习,我们已经知道:数学中所讲的点只表示某个位置,是没有大小的;直线是直的、向两端无限延伸的,是没有粗细之说的. 那么,数学中所讲的平面又是怎样的呢?

在现实生活中,我们经常会看到一些平的物体表面,如教室的墙面、黑板面、桌面等(图10.1). 想象一下:将桌面向四周无限延展,会变成什么?

将桌面向四周无限延展会变成一个无限大的、没有边界的平的面. 这就是数学中所讲的平面,而且没有厚薄之说. 前面提到的那些平的物体表面,都分别是它们各自所在平面的一部分.

图 10.1

用什么图形表示平面呢?

同画直线的方法类似,我们可以用平面的一部分来表示平面. 按照斜二测画法,正方形、长方形的直观图都是平行四边形,所以我们一般用平行四边形(有时也用三角形、梯形等其他的封闭曲线)来表示平面,并且根据需要可以将平行四边形画得大一些或者小一些.

特别地,画水平放置的平面时,一般要将平行四边形画成一组对边和水平面平行、锐角等于45°、横边长等于邻边长的2倍,如图10.2(1)所示;画竖直放置的平面时,一般将平行四边形的一组对边画成和铅垂线平行,如图10.2(2)所示. 这样,直观性会更强一些.

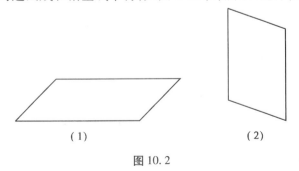

(1)　　　　　　　　　　　　(2)

图 10.2

用什么符号表示平面呢?

我们知道,点一般用大写的拉丁字母 $A,B,C\cdots$ 表示;直线一般用小写的拉丁字母 a, $b,c\cdots$ 表示,或者用直线上两点的字母表示. 为区别起见,我们约定:

平面一般用小写的希腊字母 $\alpha, \beta, \gamma \cdots$ 表示,或者用表示平面的平行四边形四个顶点的字母或相对两个顶点的字母表示. 如图 10.3 所示的平面,可以表示为平面 α、平面 $ABCD$、平面 AC 或者平面 BD.

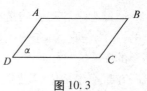

图 10.3

在画较复杂的图形时,如果直线或平面的一部分被另一个平面遮挡住,被遮挡住部分的线要画成虚线或者不画,以便增强立体感(图 10.4).

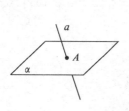 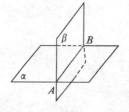 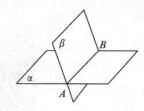

图 10.4

 思考:

你能画出上面的图形吗?动手画一画,并与同学交流,看什么样的画法步骤比较好.

练习 10.1

1. 下面说法正确吗,为什么?

(1)波浪起伏的水面是平面的一部分;

(2)乒乓球的表面是平面的一部分;

(3)两个平面重叠起来比一个平面厚;

(4)数学上的平面将空间分成两部分,如果不穿过平面,那么想从平面的一侧到达其另一侧是不可能的;

(5)在图 10.3 中,点 A, B, C, D 都在平面 AC 的边界上;

(6)一个平面比另一个平面大.

2. 用毛衣针和硬纸板演示下面两个图形,注意它们的不同.

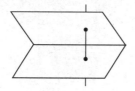 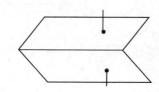

第 2 题图

3. 用字母表示上题图形中的平面、直线和点.

4. 下面是表示两个相交平面的两个平行四边形的两条边以及两个平面的交线 AB,请在此基础上画出两个相交平面的完整图形.

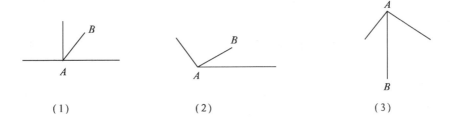

（1）　　　　　　　　（2）　　　　　　　　　　（3）

第 4 题图

10.1.2　平面的基本性质

我们已经学过了点和直线的一些基本性质,如:"经过两点有且只有一条直线""连接两点的直线段最短"等. 同样,平面也有一些最基本的性质. 它们是研究空间图形其他性质的重要理论基础.

试一试:让一根细毛衣针上的两点同时落在桌面上,会出现什么情况?

结果是整个细毛衣针完全贴到了桌面上,也就是说细毛衣针上的所有点都落到了桌面上. 若将细毛衣针任意延长,桌面任意变大,可以想象还会出现同样的情形. 这一现象反映了平面的一条基本性质:

公理 1　如果一条直线上的两个点在一个平面内,那么这条直线上的其他点也都在这个平面内.

若一条直线上的所有点都在某个平面内,我们就称这条直线在这个平面内,或者称这个平面经过这条直线.

在画图时,若一条直线在一个平面内,要将这条直线画在表示这个平面的平行四边形内(图 10.5).

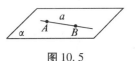

图 10.5

从集合的角度看,直线是它上面的所有点组成的点集,平面是它内部的所有点组成的点集,点和它们之间的关系就是元素与集合的关系,直线和平面之间的关系就是集合与集合的关系. 因此,表示点、直线、平面之间的相互位置关系常用如下符号:

点 A 在直线 a 上,记作 $A \in a$;点 A 不在直线 a 上,记作 $A \notin a$.

点 A 在平面 α 内,记作 $A \in \alpha$;点 A 不在平面 α 内,记作 $A \notin \alpha$.

直线 a 在平面 α 内,记作 $a \subset \alpha$;直线 a 不在平面 α 内,记作 $a \not\subset \alpha$.

注:在立体几何中,凡是借用集合符号的地方,读的时候仍然用几何语言. 如 $a \subset \alpha$,读作直线 a 在平面 α 内,或者平面 α 经过直线 a.

利用上述规定,公理 1 用符号语言可表示为

$$A \in a, B \in a \ 且 \ A \in \alpha, B \in \alpha \Rightarrow a \subset \alpha.$$

利用公理 1 我们可以判断一条直线是否在某个平面内,也可以用直线来检验一个面是否为平面.

拿一块硬纸板,让它和桌面有一个公共点,把硬纸板和桌面分别想象成两个平面.那么,这两个平面是否还会有其他公共点?有多少?这些公共点之间的位置关系如何?

这种现象及其结论反映了平面的另一条基本性质:

公理2　如果两个不重合的平面有一个公共点,那么它们有且只有一条过该点的公共直线(图10.6).

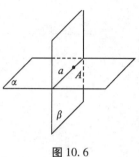

图10.6

如果两个平面有一条公共直线,我们就称这两个平面相交,这条公共直线称作这两个平面的交线.

因为两个相交平面的公共点都在交线上,反之,交线上的点又都是两个平面的公共点,所以平面 α 和平面 β 交于直线 a,可记作 $\alpha\cap\beta=a$.

公理2用符号语言可表示为

$$A\in\alpha,\text{且}A\in\beta\Rightarrow\alpha\cap\beta=a,\text{且}A\in a.$$

利用公理2,我们可以判断两个平面是否相交,并且只要知道两个公共点,就可以把这两个平面的交线画出来.

在日常生活中,桌子、凳子以及冬天烧煤用的火炉等常用不共线的三条腿来支撑,如图10.7(1)所示.这些现象反映了平面的又一条基本性质:

公理3　经过不在同一条直线上的三个点,有且只有一个平面.

在这里,"有且只有一个"与"确定一个"的意义相同,所以公理3又可以叙述为"不在同一条直线上的三点确定一个平面."

由不在同一条直线上的三点 A,B,C 确定的平面 α,也可记作平面 ABC,如图10.7(2)所示.

(1)

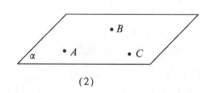

(2)

图10.7

思考:

(1)过空间一点有_____个平面;

(2)过空间两点有_____个平面;

(3)在空间,过同一条直线上的三点有_____个平面.

练习 10.2

1. 工人师傅常将直尺在工件表面的各个方向来回滑动,以便检查工件表面平不平.问:出现什么情形说明工件表面平? 出现什么情形说明工件表面不平?

2. 如图,在正方体中画出对角的两个面 $AA'C'C$ 和 $BB'D'D$ 及其交线.

3. 如图(1)和(2),分别用适当的符号或字母填空:

(1)A ＿＿ a;B ＿＿ a;A ＿＿ α;B ＿＿ α;α ＿＿$\beta=$ ＿＿;

(2)A ＿＿ α;A ＿＿ β;a ＿＿ α;a ＿＿ β;α ＿＿$\beta=$ ＿＿.

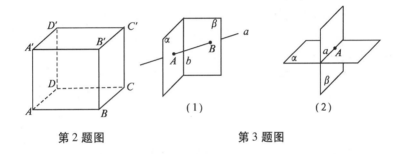

第2题图　　　　　　　　　第3题图

4. "经过三点有且只有一个平面"这句话是否正确? 为什么?

公理3告诉我们确定平面的一种重要方法. 此外,我们还可以得到三种确定平面的方法.

推论1　一条直线和直线外一点确定一个平面.

证明:如图 10.8(1),设点 A 是直线 a 外一点. 在 a 上任取两点 B,C,则 A,B,C 三点不共线,所以 A,B,C 三点可确定一个平面 α(公理3). 因为 B,C 两点在平面 α 内,所以直线 a 在平面 α 内(公理1). 说明经过直线 a 和直线 a 外一点 A,有一个平面 α.

假设经过直线 a 和直线 a 外一点 A,还有一个平面 β. 因为点 B,C 在直线 a 上,所以点 B,C 也在平面 β 内. 这样,经过 A,B,C 三点就同时有两个平面 α 和 β,这与公理3矛盾. 说明经过直线 a 和直线 a 外一点 A,只能有一个平面.

综合上述所证可得,经过直线 a 和直线 a 外一点 A,有且只有一个平面. 也可以说直线 a 和直线 a 外一点 A 确定一个平面.

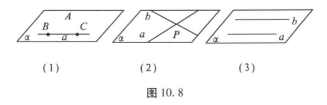

(1)　　　　　　　(2)　　　　　　　(3)

图 10.8

推论2　两条相交直线确定一个平面,如图 10.8(2)所示.

推论 3 两条平行直线确定一个平面,如图 10.8(3)所示.

你能证明这两个推论吗?

例 10.1 求证:平行四边形 $ABCD$ 是平面图形.

证明: 如图 10.9 所示,

∵ $AB /\!/ CD$,

∴ AB,CD 可确定一个平面 α(推论 3).

∵ $A\in AB,B\in AB,C\in CD,D\in CD$,

∴ $A\in\alpha,B\in\alpha,C\in\alpha,D\in\alpha$.

∴ $AD\subset\alpha,BC\subset\alpha$(公理1).

∵   平行四边形 $ABCD$ 的四条边都在同一个平面 α 内.

∴   平行四边形 $ABCD$ 是平面图形.

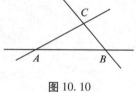

图 10.9

如果一些点和线在同一个平面内,那么我们就说它们共面.证明共面问题常用的思路是:先由部分(如不共线的三点、两条平行直线等)确定一个平面,再证明其余部分也都在这个平面内.

思考:

若三条直线两两相交且交点不同(图 10.10),那么这三条直线共面吗?说明理由.

图 10.10

练习 10.3

1. 判断下列说法是否正确? 若不正确,请改正.

(1)一条直线和一点确定一个平面;

(2)两条相交直线或两条平行直线确定一个平面;

(3)梯形是平面图形.

2. 要将一个桌面放平稳,你能设计出几种支撑的方法. 其原理是什么?

3. 求证:△ABC 是平面图形.

4. (1)三条互相平行的直线最多可确定几个平面;

(2)三条交于一点的直线最多可确定几个平面;

(3)空间四个点最多可确定几个平面.

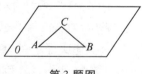

第 3 题图

10.2 空间两条直线的位置关系

我们知道,在同一平面内,任意画两条直线(注:本书中提到的两条直线或两个平面,都是指不重合的两条直线或两个平面),有两种情形:平行或相交. 在空间,两条直线的位置关系除了平行和相交,还有别的情形吗?

观察图 10.11,长方体中的棱 AB 和棱 CC' 所在直线是什么位置关系?

可以发现:直线 AB 和直线 CC' 既不_____,也不_____,不同在任何一平面内.

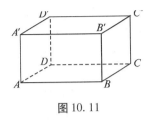

图 10.11

我们把不同在任何一个平面内的两条直线称作异面直线.

这样,空间两条直线的位置关系可概括为两类(或三种),具体特点和表示方法如表 10.1.

表 10.1　空间两条直线的位置关系

位置关系		公共点	图形表示	符号表示
共面	相交直线	有且只有一个	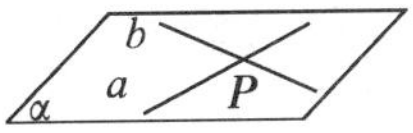 图 1	$a \cap b = \{P\}$ 简记为 $a \cap b = P$
	平行直线		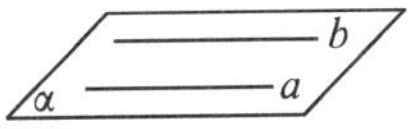 图 2	$a // b$
不共面	异面直线	无	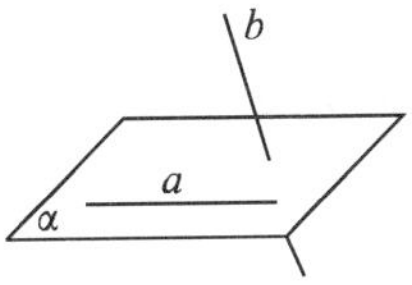 图 3 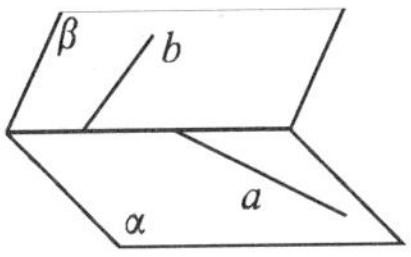 图 4	a, b 是异面直线

用图形表示两条异面直线的位置关系时,我们可借助一个或两个平面作衬托(如表 10.1 中图 3、图 4),以突出它们不可能同在一个平面内的特点.

用硬纸板和两根细毛衣针演示表 10.1 中图 3 所示的位置关系,可以发现直线 a,b 不平行,也不相交. 图 3 能直观地体现异面直线不共面的特点,同时告诉我们一种判定异面直线的方法.

异面直线判定定理　如果一条直线和一个平面相交,那么这条直线和这个平面内不通过交点的直线是异面直线.

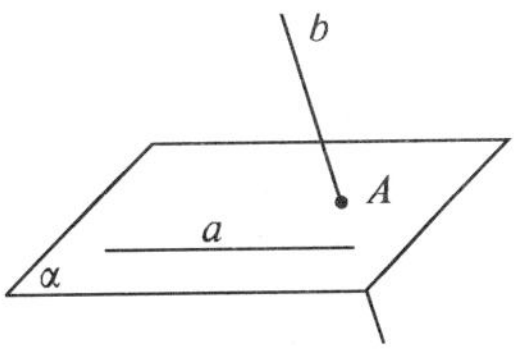

已知:如图 10.12, $b \cap \alpha = A, a \subset \alpha, A \notin a$.

求证: a,b 是异面直线.

证明:(反证法)

假设直线 a,b 不是异面直线,那么必存在另一个平面 β 同时经过直线 a,b.

$\because \quad A \in b$,

图 10.12

$\therefore \quad A \in \beta.$

这样，就有两个平面 α，β 同时经过直线 a 和直线 a 外一点 A. 这与推论 1 相矛盾，所以直线 a，b 是异面直线.

例10.2 如图 10.13，在长方体 $ABCD–A'B'C'D'$ 中，棱 AB 所在直线与下列各棱所在直线分别是什么位置关系？

(1)CD；(2)CC'；(3)$B'C'$；(4)BC.

解：(1)平行；(2)异面；(3)异面；(4)相交.

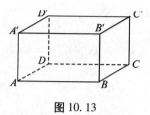

图 10.13

你能以教室内的墙缝、电棒、黑板的边框等所在的直线为例，找出三对异面直线吗？

练习 10.4

1. 下列说法是否正确？为什么？

(1)若两条直线共面，那么这两条直线相交或平行；

(2)若两条直线没有公共点，那么这两条直线平行；

(3)若两条直线分别在两个平面内，那么这两条直线是异面直线.

2. 在如图所示的两个相交平面内各画一条直线，分别满足如下要求：

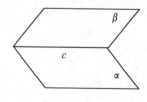

(1)相交直线

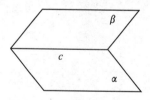

(2)异面直线

第 2 题图

3. 用对折后的硬纸板和两根细毛衣针演示上题中图(2)所示的位置关系，并利用判定定理说明所画的两条直线为什么是异面直线.

4. 如图，在正方体 $ABCD–A_1B_1C_1D_1$ 中，下列各对棱所在直线分别是什么位置关系？

(1)AA_1 和 BB_1；　　(2)AA_1 和 AB；　　(3)AA_1 和 BC；

(4)AA_1 和 BC_1；　　(5)AC 和 B_1D_1.

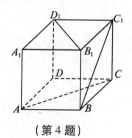

（第 4 题）

10.2.1 平行直线

在平面几何中,我们已经知道:在同一平面内,平行于一条直线的两条直线互相平行. 人们在长期的生活和生产实践中还发现,这种平行直线的传递性,空间的直线也具有.

公理4 平行于同一条直线的两条直线互相平行.

例如,工人师傅栽电线杆时,只要让第一根杆和第二根杆平行,再让第三根杆和第二根杆平行,则第一根杆和第三根杆也一定平行;

再如,多面体 $ABC-A'B'C'$ 中(图 10.14),若 $BB'\parallel AA'$, $BB'\parallel CC'$ 成立,则 $AA'\parallel CC'$ 也一定成立.

公理4用符号语言可表示为 $a\parallel c,b\parallel c\Rightarrow a\parallel b$.

注:当所研究的空间图形是平面图形时,平面几何中的有关定理仍可直接应用;当所研究的空间图形不是平面图形时,平面几何中的有关定理一般需要经过证明才能应用.

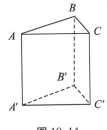

图 10.14

定理 若一个角的两边和另一个角的两边分别平行,且方向相同,那么这两个角相等.

已知:$\angle ABC$ 和 $\angle A'B'C'$ 的边 $BA\parallel B'A'$,$BC\parallel B'C'$,且射线 BA 和 $B'A'$,BC 和 $B'C'$ 的方向分别相同.

求证:$\angle ABC=\angle A'B'C'$

证明:(1)当 $\angle ABC$ 和 $\angle A'B'C'$ 在同一平面内时,初中平面几何中已证明 $\angle ABC=\angle A'B'C'$ 成立,故这里省略.

(2)当 $\angle ABC$ 和 $\angle A'B'C'$ 不在同一平面内时,如图 10.15,我们可分别在射线 BA,$B'A'$,BC,$B'C'$ 上截取线段 BD,$B'D'$,BE,$B'E'$,并且使得 $BD=B'D'$,$BE=B'E'$. 联结 BB',DD',EE',DE,$D'E'$.

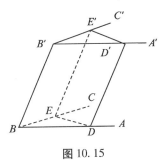

图 10.15

$\because$ $BA\parallel B'A'$,$BD=B'D'$,

$\therefore$ 四边形 $BDD'B'$ 是平行四边形.

         $BB'\parallel DD'$,$BB'=DD'$.

同理可证,$BB'\parallel EE'$,$BB'=EE'$.

$\therefore$ $DD'\parallel EE'$(公理4),$DD'=EE'$.

$\therefore$ 四边形 $DD'E'E$ 是平行四边形.

$\therefore$ $DE=D'E'$.

又 $\because$ $BD=B'D'$,$BE=B'E'$.

$\therefore$ $\triangle BDE\cong\triangle B'D'E'$.

$\therefore$ $\angle ABC=\angle A'B'C'$.

总结:证明等角定理的关键是构造两个包括已知角 $\angle ABC$ 和 $\angle A'B'C'$ 的全等三角形,从而将空间问题转化为平面问题.

如果把一个角的两边反向延长,那么就得到两条相交直线. 两条直线相交形成两组对顶角,我们把其中不大于直角的角叫作两条相交直线的夹角. 如果两条相交直线的夹角是直角,我们称这两条相交直线互相垂直.

利用上面的等角定理,可证明如下结论:

推论 如果两组相交直线分别平行,那么这两组相交直线的夹角相等.

例 10.3 如图 10.16 所示,若 E,H 分别是棱 AB,AD 的中点,F,G 分别是棱 BC,CD 上的点,且 $\dfrac{CG}{CD}=\dfrac{CF}{CB}=\dfrac{3}{4}$（图 10.16）.

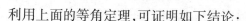

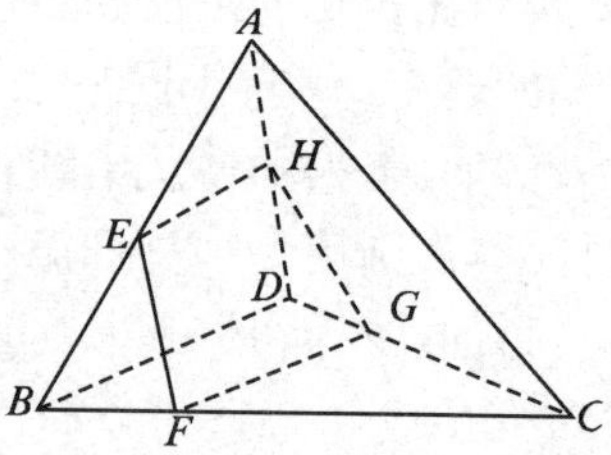

图 10.16

求证:四边形 $EFGH$ 是梯形.

证明: 在 $\triangle ABD$ 中,

$\because$ E,H 分别是 AB,AD 的中点,

$\therefore$ $EH\;/\!/\;BD,EH=\dfrac{1}{2}BD$

在 $\triangle BCD$ 中,

$\because$ F,G 分别是 BC,CD 上的点,且 $\dfrac{CG}{CD}=\dfrac{CF}{CB}=\dfrac{3}{4}$

$\therefore$ $FG\;/\!/\;BD,FG=\dfrac{3}{4}BD$

$\therefore$ $EH\;/\!/\;FG,EH\neq FG$

$\therefore$ 四边形 $EFGH$ 是梯形.

如图 10.17（1）所示 A,B,C,D 四个顶点不在同一平面内,如果将棱 BD、AC 去掉,那么剩下的四条棱组成的四边形 $ABCD$ 将不再是平面图形,如图 10.17（2）所示.像这样,四个顶点不共面的四边形我们把它称为空间四边形.

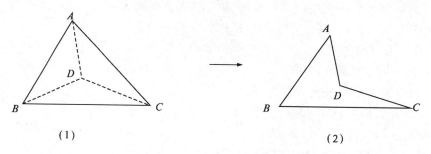

(1)   (2)

图 10.17

试一试: 将如图 10.18 所示的三角形纸片,沿 BD 折叠（两个面不要重合）,使四边形 $ABCD$ 为空间四边形.

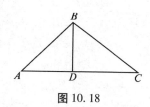

图 10.18

应用赏析

它们平行吗?

错觉是人们观察物体时,由于物体受到形、光、色的干扰,加上人们的生理、心理原因而误认物像,会产生与实际不符的判断性的视觉误差.包括几何图形错觉(高估错觉、对比错觉、线条干扰错觉)、时间错觉、运动错觉、空间错觉以及光渗错觉、整体影响部分的错觉、声音方位错觉、形重错觉、触觉错觉等.下面是以发现者名字命名的几种错觉.

冯特错觉:两条平行的直线被许多菱形分割后,看起来这两条平行线显得向内弯曲.由德国心理学家威廉1876年发现,如图(一)所示.

黑林错觉:两条平行线看起来中间部分凸了起来.由19世纪德国心理学家艾沃德·黑林首先发现如图(二)所示.

松奈错觉当数条平行线各自被不同方向斜线所截时,看起来即产生两种错觉,其一是平行线失去了原来的平行;其二是不同方向截线的黑色深度似不相同,如图(三)所示.

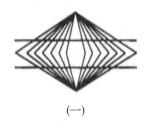 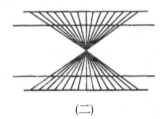 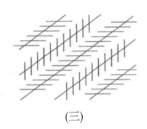

| (一) | (二) | (三) |

练习 10.5

1. 在下图所示的两个相交平面内各画一条直线 a, b,并使它们平行,应怎样画? 根据是什么?

2. 如图,$AB // A'B'$,$AC // A'C'$,$BC // B'C'$,问:$\triangle ABC$ 与 $\triangle A'B'C'$ 相似吗? 为什么?

3. 在空间四边形 $ABCD$ 中,E, F, G, H 分别是棱 AB, BC, CD, DA 的中点.求证:四边形 $EFGH$ 是平行四边形.

4. 判断下列说法是否正确.

(1)四边形一定是平面图形;

(2)若 $a // b, b // c$,则直线 a, b, c 在同一平面内.

5. 如图,正方体的棱长为 a,C, D 分别是两棱的中点.

(1)求证:点 A, B, C, D 在同一平面内;

(2)求截面 $ABCD$ 的面积.

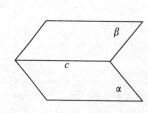

第1题图

第2题图

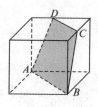

第5题

10.2.2 两条异面直线的相对位置

在初中,两条相交直线用夹角的大小、两条平行直线用距离的大小来分别刻画它们的相对位置关系.两条异面直线既不相交,又不平行,如何刻画它们的相对位置呢?

设 a,b 是两条异面直线,如图 10.19(1),将直线 a,b 分别平移至相交,则得到两条相交直线 a',b'(相当于作 $a'/\!/a, b'/\!/b$),设 $a'\cap b'=O$,如图 10.19(2),这两条相交直线 a' 和 b' 夹角的大小,可以反映出异面直线 a,b 之间的相对倾斜程度(想一想其中的道理). 因此,我们把这两条相交直线 a' 和 b' 的夹角叫作异面直线 a 和 b 所成的角.

因为直线 a',b' 在空间任一点相交所成的夹角都是相等的,所以,为了简便,通常只平移异面直线 a,b 中的一条和另一条相交. 例如,将直线 a 平移至 a',使直线 a' 和直线 b 相交于点 O(相当于过直线 b 上任一点 O 作 $a'/\!/a$),这时直线 a' 和 b 的夹角就是异面直线 a 和 b 所成的角,如图 10.19(3).

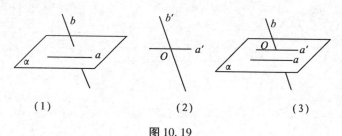

（1）   （2）   （3）

图 10.19

例 10.4 如图 10.20,在正方体 $ABCD$-$A_1B_1C_1D_1$ 中,求下列各对异面直线所成角的度数.

（1）AB 和 CC_1;（2）AB 和 A_1C_1;（3）AC 和 B_1D_1.

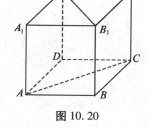

解:（1）因为 $BB_1/\!/CC_1$,且相交直线 AB 和 BB_1 的夹角是 $90°$,所以异面直线 AB 和 CC_1 所成角的度数是 $90°$.

（2）因为 $AC/\!/A_1C_1$,且相交直线 AB 和 AC 的夹角是 $45°$,所以异面直线 AB 和 A_1C_1 所成角的度数是 $45°$.

（3）因为 $BD/\!/B_1D_1$,且相交直线 AC 和 BD 的夹角是 $90°$,所以异面直线 AC 和 B_1D_1 所成角的度数是 $90°$.

图 10.20

如果两条异面直线所成角的度数是 $90°$,我们称这两条异面直线互相垂直. 异面直线 a 和 b 互相垂直,记作 $a\perp b$. 如图 10.20,AB 和 CC_1、AC 和 B_1D_1 都是互相垂直的异面直线,分别记作 $AB\perp CC_1$、$AC\perp B_1D_1$.

在图 10.20 的正方体 $ABCD$-$A_1B_1C_1D_1$ 中,我们可以看到,直线 BC 与异面直线 AB,

CC_1 同时垂直且相交. 如果一条直线和两条异面直线同时垂直且相交,那么我们把这条直线称作这两条异面直线的公垂线. 两个垂足间的线段称作这两条异面直线的公垂线段. 公垂线段的长度称作这两条异面直线间的距离. 可以证明,公垂线段是联结两条异面直线上任意两点的线段中最短的一条.

 若正方体 $ABCD$-$A_1B_1C_1D_1$ 的棱长是 1 cm,那么

(1)异面直线 AB 和 CC_1 的距离是_____ cm;

(2)异面直线 AB 和 B_1C_1 的距离_____ cm.

定理 如果一条直线和两条平行线中的一条垂直,那么它也和另一条垂直.

该定理不仅对同一平面内的直线成立,对空间直线也成立. 和平面几何不同的是互相垂直的直线可能是相交直线,也可能是异面直线(图 10.21).

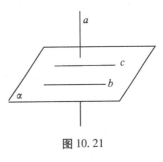

图 10.21

上面的定理用符号语言可表示为 c∥b, $a⊥b$⇒$a⊥c$.

你能证明这个定理吗?

需要注意的是,该定理的逆命题"垂直于同一条直线的两条直线平行",对同一平面中的直线成立,对不在同一平面中的直线却不成立.

思考:

如图 10.20,在正方体 $ABCD$-$A_1B_1C_1D_1$ 中,

(1)BB_1,BC 同时与 AB 垂直,BB_1 和 BC 的位置关系是_____;

(2)BC,AD 同时与 AB 垂直,BC 和 AD 的位置关系是_____;

(3)BC,AA_1 同时与 AB 垂直,BC 和 A_1D_1 的位置关系是_____.

 练习 10.6

1. 如图,求正方体中下列各对异面直线所成角的度数.

(1)AD 和 BC_1；　　(2)AC 和 A_1D_1；

(3)AC 和 B_1D_1；　　(4)BC_1 和 AC.

2. 如图,在长方体中,哪些棱所在直线和棱 AB 所在直线互相垂直? 其中,哪些是相交垂直? 哪些是异面垂直?

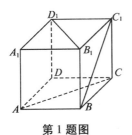

第 1 题图

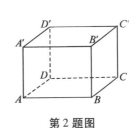

第 2 题图

3. 如图,怎样测量立交桥上的道路和立交桥下的道路之间的距离?

第 3 题图

4. 下列命题是否正确? 为什么?

(1)互相垂直的两条直线是相交直线;

(2)$a \perp b$, $b /\!/ c \Rightarrow a \perp c$;

(3)$a \perp b$, $a \perp c \Rightarrow b /\!/ c$.

10.3 直线与平面的位置关系

我们知道,若直线与平面有两个公共点,那么这条直线一定在这个平面内. 除此之外,观察生活或正方体和长方体图形中直线与平面的位置关系,可以发现还有下面两种类型:

若直线和平面有且只有一个公共点,我们称直线和平面相交. 公共点称作直线和平面的交点.

若直线和平面没有公共点,我们称直线和平面平行.

直线和平面平行或相交统称直线在平面外.

这样,直线和平面的位置关系可概括为两类(三种),具体特点和表示方法如表 10.2.

表 10.2 直线和平面的位置关系

位置关系		公共点个数	图形表示	符号表示
直线在平面内		无数个	图1	$a \subset \alpha$
直线在平面外	直线和平面相交	有且只有一个	图2	$a \cap \alpha = A$
	直线和平面平行	无	图3	$a /\!/ \alpha$

其中直线在平面外的符号表示为 $a \not\subset \alpha$.

用图形表示直线和平面相交时,要将直线的一部分画在表示平面的平行四边形外,并且将被遮住部分画成虚线或者不画(如表 10.2 中图 2);表示直线和平面平行时,要将直线画在表示平面的平行四边形外,并且和平行四边形的一条边平行,或与平行四边形内的一条线段平行(如表 10.2 中图 3).

 思考:

如图 10.22 是新建成的开封黄河大桥,你能指出分道线、斜拉索、立柱、桥两边横着的栏杆与桥面分别是什么位置关系吗?

图 10.22

练习 10.7

1. 选择题(单项选择):
(1)若直线和平面不平行,则(　　　　).
　　A. 直线和平面相交;　　　　B. 直线在平面内;
　　C. 直线和平面相交或直线在平面内.
(2)若直线 a 和平面 α 的位置关系为 $a\not\subset\alpha$,则(　　　　).
　　A. $a\subset\alpha$;　　　　　　　　　B. a 与 α 相交;
　　C. $a/\!/\alpha$;　　　　　　　　　　D. a 与 α 相交或 $a/\!/\alpha$.
(3)已知点 P 是直线 a 和平面 α 的一个公共点,则直线 a 和平面 α 的位置关系为(　　　　).
　　A. $a\cap\alpha=P$;　　　　　　　B. $a\subset\alpha$;
　　C. $a\not\subset\alpha$;　　　　　　　D. $a\cap\alpha=P$ 或 $a\subset\alpha$.
(4)若直线和平面平行,则下列画法正确的是(　　　　).

　　　甲　　　　　　　　　乙　　　　　　　　　丙

2.如图,在长方体中,下列棱所在直线和相应的面分别是什么位置关系：

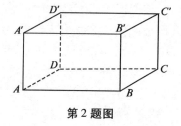

（1）棱 AB 和面 AC；

（2）棱 $A'B'$ 和面 AC；

（3）棱 AA' 和面 AC；

（4）对角线 BD' 和面 AC.

第2题图

3.判断对错：

（1）若一条直线和一个平面内的所有直线都没有公共点,那么这条直线和这个平面平行；

（2）若一条直线和一个平面内的无数条直线都没有公共点,那么这条直线和这个平面平行；

（3）若一条直线和一个平面平行,那么这条直线和这个平面内的所有直线都没有公共点；

（4）若一条直线和一个平面平行,那么这条直线和这个平面内的所有直线都平行.

10.3.1 直线和平面平行的判定定理与性质定理

平行是现实生活中普遍存在的一种位置关系,因此常常需要判定某条直线和某个平面是否平行.若利用定义判定直线和平面平行,则需要验证它们没有公共点,这样做比较困难.下面,我们来探讨简便易行的判定方法.

拿一块梯形硬纸板,先将它的一个腰放在桌面内,另一个腰在桌面外,如图 10.23（1）,可以看出,桌面外的腰向两端延伸后,必定和桌面所在的平面相交.

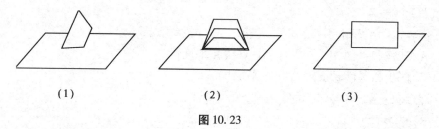

（1）   （2）   （3）

图 10.23

将梯形硬纸板换一种放法：一个底边放在桌面内,另一个底边在桌面外,如图 10.23（2）,可以看出,桌面外的底边无论怎样向两端延伸,都不可能和桌面所在的平面相交,给我们直线和平面平行的直观形象；接下来,再让硬纸板以桌面内的底边为轴旋转,这时,无论怎样旋转,只要另一个底边在桌面外,它都给我们与桌面平行的直观形象.

用矩形或平行四边形纸板做类似的试验如图 10.23（3）,可得到同样的结果.

为什么第一个演示中直线和平面不平行,而后面的演示均给我们直线和平面平行的直观形象呢？分析可发现,后面的演示有一个共同的特点：平面内有一条直线和平面外的直线平行.

已知： $a \not\subset \alpha, b \subset \alpha, a \parallel b$ （图 10.24）.

求证： $a \parallel \alpha$.

证明：∵ $a // b$,

∴ a, b 可确定一个平面 β.

∵ $b \subset \alpha, b \subset \beta$,

∴ $\alpha \cap \beta = b$.

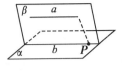

图 10.24

　　假设 a 和 α 有公共点 P, 则点 P 一定在直线 b 上,

即 $a \cap b = P$.

　　这与已知条件 $a // b$ 相矛盾.

∴ a 和 α 不可能有公共点.

∴ $a // \alpha$.

由此可知, 上述发现和猜想是正确的. 我们将它概括为直线和平面平行的判定定理:

直线和平面平行的判定定理　如果平面外的一条直线和平面内的一条直线平行, 那么平面外的直线和这个平面平行.

该定理用符号语言可表示为 $a \not\subset \alpha, b \subset \alpha, a // b \Rightarrow a // \alpha$.

该定理可简记为"线线平行, 则线面平行".

例 10.5　如图 10.25, 四边形 $ABCD$ 是空间四边形, E, F 分别是 AB, AD 的中点.

求证: $EF // $ 平面 BCD.

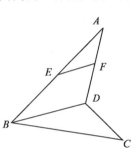

图 10.25

证明: 联结空间四边形的对角线 BD, 联结 EF.

∵ E, F 分别是 AB, AD 的中点,

∴ $EF // BD$.

又 ∵ $BD \subset$ 平面 $BCD, EF \not\subset$ 平面 BCD,

∴ $EF // $ 平面 BCD.

例 10.6　下列命题是否正确, 为什么?

(1) $a \subset \alpha, b // a \Rightarrow b // \alpha$;

(2) $a // b, b // \alpha \Rightarrow a // \alpha$;

(3) $a \not\subset \alpha, a // b, b // \alpha \Rightarrow a // \alpha$.

解: (1) 不正确. 因为直线 b 可能在平面 α 内.

(2) 不正确. 因为直线 a 可能在平面 α 内.

(3) 正确. 因为直线 $b // \alpha$, 所以平面 α 内存在直线 $c // b$, 而 $a // b$, 因此 $c // a$, 又因为 $a \not\subset \alpha$, 所以 $a // \alpha$ 成立.

练习 10.8

1. 判定直线 $a // $ 平面 α, 必须具备的三个条件是: _____;

_____; _____.

2. 如图, 在长方体中, 棱 AB 和哪些面平行? 说明理由.

3. 如图, E, F, G, H 分别是空间四边形 $ABCD$ 四条边 AB, BC, CD, DA 的中点. 求证:

(1) $BD // $ 平面 $EFGH$; (2) $AC // $ 平面 $EFGH$.

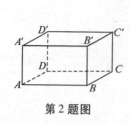

第 2 题图

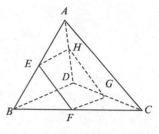

第 3 题图

根据直线和平面平行的定义可知：若直线 a 和平面 α 平行，则直线 a 和平面 α 没有公共点. 由此可推得：若直线 a 和平面 α 平行，则直线 a 和平面 α 内的直线平行或异面.

在长方体中（图 10.26），已知棱 AB 和面 $A'C'$ 平行，下列棱所在直线的位置关系是：

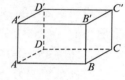

（1）棱 AB 和面 $A'C'$ 内的 $A'B'$＿＿＿＿＿＿＿＿＿＿；

（2）棱 AB 和面 $A'C'$ 内的 $B'C'$＿＿＿＿＿＿＿.

图 10.26

 思考：

已知 $a /\!/ \alpha$，怎样在平面 α 内找到和直线 a 平行的直线呢？

因为平行直线一定在同一平面内，所以我们可以过直线 a 作一个平面 β，使 $\alpha \cap \beta = b$. 那样，交线 b 和直线 a 在同一个平面 β 内. 又由 $a /\!/ \alpha$ 得 a 和 b 没有公共点. 这样，交线 b 就是平面 α 内和直线 a 平行的直线.

直线和平面平行的性质定理　若一条直线和一个平面平行，那么经过这条直线的平面和这个平面相交，所得的交线和这条直线平行（图 10.27）.

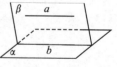

图 10.27

该定理用符号语言可表示为

$a /\!/ \alpha$，$a \subset \beta$，$\alpha \cap \beta = b \Rightarrow a /\!/ b$.

该定理可简记为"线面平行，则线线平行".

例 10.7　如图 10.28，有一块木料，已知棱 $B'C' /\!/$ 面 AC，要经过面 $A'C'$ 内一点 P 和棱 BC 把木料锯开，问：怎样画线？

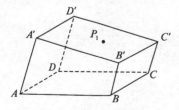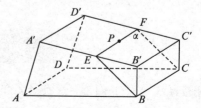

图 10.28

解：因为 $B'C' /\!/$ 面 AC，$B'C' \subset$ 面 BC'，面 $AC \cap$ 面 $BC' = BC$，

所以 $B'C'\parallel BC.$ 由此得 $BC\parallel$ 面 $A'C'.$

因为经过棱 BC 和点 P 的锯面(平面)α 与面 $A'C'$ 有公共点 $P,$

所以, 锯面 $\alpha\cap$ 面 $A'C'=EF,$ 且 $P\in EF,BC\parallel EF.$

所以, 在面 $A'C'$ 内过点 P 画一线段 $EF\parallel B'C'$(根据公理 4 知 $EF\parallel BC$), 再联结 BE 和 $CF.$

EF,BE,CF 就是所要画的线.

例 10.8　已知: $a\parallel\alpha,AC\parallel BD,A\in a,B\in a,C\in\alpha,D\in\alpha,$ 如图 10.29(1).

求证: $AC=BD.$

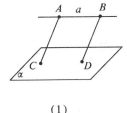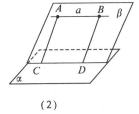

(1)　　　　　　(2)

图 10.29

证明: ∵ $AC\parallel BD,$

∴ 经过 AC 和 BD 有且只有一个平面 $\beta.$

∴ $A\in\beta,B\in\beta,C\in\beta,D\in\beta.$

∵ $A\in a,B\in a,C\in\alpha,D\in\alpha,$

∴ $a\subset\beta,\alpha\cap\beta=CD,$ 如图 10.29(2).

又∵ $a\parallel\alpha,$

∴ $a\parallel CD.$

∴ 四边形 $ACDB$ 是平行四边形.

∴ $AC=BD.$

练习 10.9

1. 若黑板的下边框和教室的地面平行.

(1)要在地面内画一条直线和黑板的下边框平行,应怎样画? 根据是什么? 这样的直线可以画多少条? 这些直线相互是什么关系?

(2)要在地面内画一条直线和黑板的下边框异面,应怎样画? 根据是什么?

2. 下列命题是否正确?

(1) $a\parallel\alpha,b\subset\alpha\Rightarrow a\parallel b;$

(2) $a\parallel\alpha,b\parallel\alpha\Rightarrow a\parallel b.$

3. 已知: 直线 AB 和平面 α 平行, 经过 AB 的一组平面 $\beta,\gamma,\delta,\cdots$ 和平面 α 相交, 交线分别是 $a,b,c,\cdots$. 求证: 这些交线相互平行.

4. 如图, 在长方体木料的上底面内有一点 $P,$ 如果要过点 P 和棱 BC 将木块锯开, 应怎样画线？所画的线和长方体木料的下底面是什么关系？

5. 如图，$\alpha \cap \beta = c$，$a \parallel b$. 求证：$a \parallel c$.

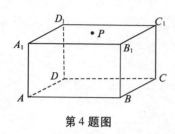

第4题图

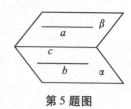

第5题图

10.3.2　直线和平面垂直的定义、判定定理和性质定理

将长方体模型放在桌面上，用直角三角板可以验证侧棱和底面内的所有直线都垂直（想一想：怎样验证）.

若一条直线和一个平面内的所有直线都垂直，那么我们称这条直线和这个平面垂直，这条直线称作这个平面的垂线，这个平面称作这条直线的垂面，直线和平面的交点称作垂足. 垂线上垂足以外的一点与垂足之间的线段称作这点到这个平面的垂线段.

在现实世界中，有许多直线和平面都给我们垂直相交的直观形象. 如竖直的旗杆与水平地面、教室内相邻两面墙的接缝与水平地面等.

用图形表示直线和平面垂直时，常把直线画成和表示平面的平行四边形的一组对边垂直. 如图 10.30.

直线 a 和平面 α 垂直，用符号语言可表示为：$a \perp \alpha$.

可以证明：过一点有且只有一条直线和一个平面垂直；过一点有且只有一个平面和一条直线垂直.

要判定一条直线和一个平面垂直，除了利用直线和平面垂直的定义，还有别的方法吗？

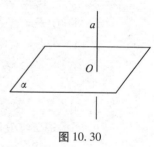

图 10.30

观察并思考：

(1)让直角三角板的直角边 b 和黑板的上边框重合，那么另一直角边 a 与黑板的上边框垂直吗？_____；黑板面内与上边框平行的直线和 a 垂直吗？_____.

这时，a 和黑板面是否一定垂直？_____.

(2)让三角板的直角边 a 与黑板的上边框、左边框同时垂直，这时 a 和黑板面是否一定给我们垂直的形象？_____.

以上现象说明：_____.

直线和平面垂直的判定定理 1　若一条直线和一个平面内的两条相交直线都垂直，那么这条直线和这个平面垂直（图 10.31）.

该定理用符号语言可表示为：

$a \perp b$，$a \perp c$，$b \subset \alpha$，$c \subset \alpha$，$b \cap c = O \Rightarrow a \perp \alpha$.

该定理可简记为"线线垂直，则线面垂直".

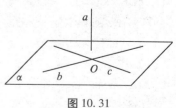

图 10.31

如图 10.32,只要验证椅子的立柱和下面两条相交的金属杠都垂直,那么就可以肯定立柱和两条相交的金属杠所在的地面垂直.

例 10.9 求证:若三条共点的直线两两垂直,那么其中一条直线垂直于另两条直线确定的平面.

图 10.32

已知:直线 a,b,c 相交于点 O, $a \perp b$, $b \perp c$, $c \perp a$, a 和 b 确定的平面为 α, b 和 c 确定的平面为 β, c 和 a 确定的平面为 γ(图 10.33).

求证:$a \perp \beta$, $b \perp \gamma$, $c \perp \alpha$.

证明:

$$\left.\begin{array}{l} a \perp b, \ a \perp c \\ b \subset \beta, \ c \subset \beta \\ b \cap c = O \end{array}\right\} \Rightarrow a \perp \beta$$

同理可证 $b \perp \gamma$, $c \perp \alpha$.

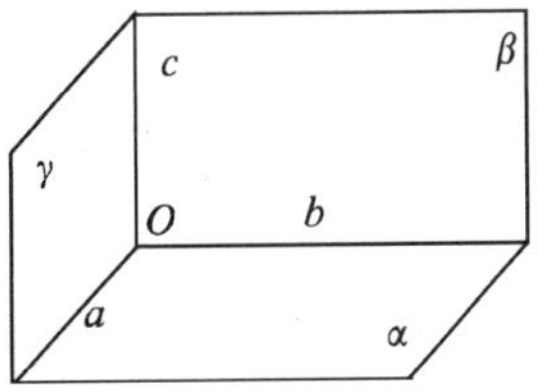

在机械化程度较高的今天,当需要在零件上同时打很多孔时,常用一种多头钻,其钻杆都是相互平行的. 在打孔时,操作师只要调整零件表面和一个钻杆垂直,其他钻杆也就和零件表面垂直了. 其中的原理我们可以用如下方法证明.

图 10.33

已知:$a /\!/ b$, $a \perp \alpha$(图 10.34).

求证:$b \perp \alpha$.

证明: 设 m,n 是平面 α 内两条相交直线, $m \cap n = O$.

图 10.34

$$\left.\begin{array}{l} \left.\begin{array}{l} a \perp \alpha \\ m \subset \alpha, \ n \subset \alpha \end{array}\right\} \Rightarrow a \perp m, \ a \perp n \\ a /\!/ b \end{array}\right\} \Rightarrow b \perp m, \ b \perp n \left.\begin{array}{l} \\ m \subset \alpha, \ n \subset \alpha \\ m \cap n = O \end{array}\right\} \Rightarrow b \perp \alpha.$$

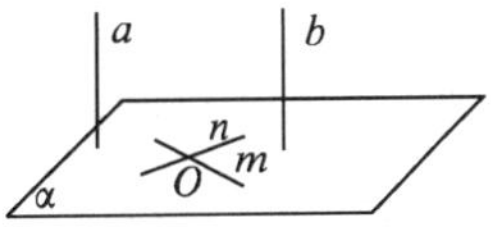

这告诉我们又一个直线和平面垂直的判定方法:

直线和平面垂直的判定定理 2 若两条直线相互平行,其中一条直线和一个平面垂直,那么另一条直线也和这个平面垂直.

该定理用符号语言可表示为

$$a /\!/ b, \quad a \perp \alpha \Rightarrow b \perp \alpha.$$

 思考:

你能利用直线和平面垂直的定义证明该定理吗?

练习 10.10

1. 下列命题是否正确? 为什么?

(1)若平面 α 内有一条直线和直线 a 垂直,那么直线 a 和平面 α 垂直;

(2)若平面 α 内有两条直线都和直线 a 垂直,那么直线 a 和平面 α 垂直;

（3）若平面 α 内有无数条直线都和直线 a 垂直，那么直线 a 和平面 α 垂直；

（4）若平面 α 内有两条相交直线都和直线 a 垂直，那么直线 a 和平面 α 垂直.

2. 如图，已知 $\triangle ABC$ 是等腰三角形，AD 是它的高. 若以 AD 为折痕折叠三角形，那么 AD 和 $\angle BDC$ 所在的平面垂直吗？说出理由.

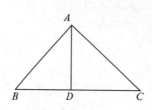

第 2 题图

3. 利用判定定理1，检验长方体型教室内相邻两面墙的接缝是否和地面垂直.

4. 如图，在正方体中，求证：$BD \perp$ 对角面 $ACC'A'$.

根据直线和平面垂直的定义知，若 $a \perp \alpha$，$b \subset \alpha$，那么 $a \perp b$.

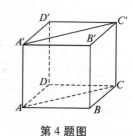

第 4 题图

 若两条直线垂直于同一个平面，那么这两条直线的

位置关系如何呢？

已知：$a \perp \alpha$，$b \perp \alpha$（图10.35）.

求证：$a // b$.

证明：（反证法）假设 a 与 b 不平行.

那么，过 b 与 α 的交点 O 作直线 $b' // a$，

$\because a \perp \alpha$，

$\therefore b' \perp \alpha$.

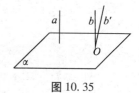

图10.35

这样，过一点 O 就有两条直线 b' 和 b 同垂直于平面 α，这是不成立的. 因此，假设不成立.

$\therefore a // b$.

直线和平面垂直的性质定理 若两条直线都和同一个平面垂直，那么这两条直线平行.

该定理用符号语言可表示为 $a \perp \alpha$，$b \perp \alpha \Rightarrow a // b$.

例10.10 如图10.36，$PO \perp AO$，$PO \perp BO$.

求证：$PO \perp AB$.

证明：$\because PO \perp AO$，$PO \perp BO$，$AO \cap BO = O$，

$\therefore PO \perp$ 平面 AOB.

又 $\because AB \subset$ 平面 AOB，

∴ $PO \perp AB.$

从平面外一点向平面引垂线,这点和垂足之间的距离称作这点到这个平面的距离.

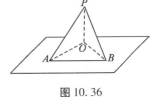

图 10.36

在图 10.37 中,若 $a /\!/ \alpha, AA' \perp \alpha, BB' \perp \alpha$,那么 $AA' = BB'$ 是否成立?

由 $AA' \perp \alpha, BB' \perp \alpha$ 得 $AA' /\!/ BB'$. 所以 AA' 和 BB' 可确定一个平面 β. 显然, $\beta \cap \alpha = A'B'$. 又因为 $a /\!/ \alpha, a \subset \beta$, 所以 $a /\!/ A'B'$. 因此四边形 $AA'B'B$ 是平行四边形, $AA' = BB'$. 这说明直线 a 上各点到平面 α 的距离相等.

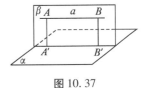

图 10.37

若一条直线与一个平面平行,那么我们把这条直线上任意一点到这个平面的距离称作这条直线到这个平面的距离.

练习 10.11

1. 下列命题是否正确? 若不正确,说明理由.

(1) $a \perp \alpha, b \subset \alpha \Rightarrow a \perp b$;

(2) $a \perp \alpha, b /\!/ \alpha \Rightarrow a \perp b$;

(3) $a \perp \alpha, b \perp \alpha \Rightarrow a /\!/ b$.

2. 如图,已知 $\alpha \cap \beta = AB, PC \perp \alpha, PD \perp \beta$,垂足分别为 C, D. 求证: $AB \perp CD$.

3. 如图,正方体的棱长是 4 cm,求:

(1) 点 A 到面 $A'C'$ 的距离;

(2) 棱 AB 到与面 $A'C'$ 的距离;

(3) 点 A 到对角线 $A'C'$ 与 $B'D'$ 的交点 O' 的距离.

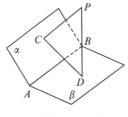

第 2 题图

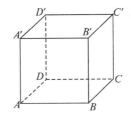

第 3 题图

10.3.3 直线和平面所成的角

直线和平面除了垂直相交,还有不垂直相交即斜交的情形,如秋千架两侧的柱子与地面、大桥上的斜拉索与桥面等(图 10.38).

图 10.38

若一条直线和一个平面斜交,那么我们称这条直线为这个平面的斜线,斜线和平面的交点称作斜足,斜线上斜足以外的一点与斜足之间的线段称作平面的斜线段.

在生产和建设中,常常需要确定斜线相对于平面的倾斜程度.那么,怎样刻画呢?

在初中我们学过正投影概念,根据正投影原理可知:过平面外一点向平面作垂线,垂足就是该点在这个平面上的正投影;斜线上各点在平面上的正投影的集合仍然是一条直线,该直线称作斜线在这个平面上的正投影.

 怎样画出斜线在平面上的正投影?

如图 10.39,过斜线 a 上斜足 B 以外的一点 A 向平面 α 作_____ AO,然后,联结_____和_____,这样所得的直线_____就是斜线 a 在平面 α 上的正投影.

可以证明,一条斜线在一个平面内的正投影有且只有一条;斜线和其正投影所成的角,是斜线和该平面内直线所成角中最小的一个.因此,我们把斜线与斜线在这个平面内的正投影所成的锐角称作这条斜线和这个平面所成的角.如图 10.39,$\angle ABO$ 就是斜线 a 和平面 α 所成的角.斜线和平面所成角是多少度,我们就说斜线相对于平面的倾斜度是多少度.

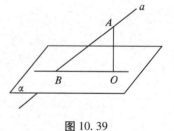

图 10.39

例 10.11 在正方体中,

(1) 如图 10.40(a),求 AB' 和面 $ABCD$ 所成角的大小;

(2) 如图 10.40(b),求 $A'C$ 和面 $ABCD$ 所成角的正切值.

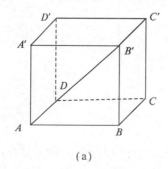

(a)

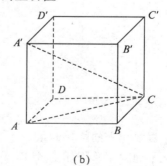

(b)

图 10.40

解：（1）∵ $BB' \perp$ 面 $ABCD$，

∴ AB 就是 AB' 在面 $ABCD$ 上的正投影. $\angle B'AB$ 就是 AB' 和面 $ABCD$ 所成的角.

又∵ 面 $ABB'A'$ 是正方形，

∴ $\angle B'AB = 45°$.

∴ AB' 和面 $ABCD$ 所成的角为 $45°$.

（2）∵ $AA' \perp$ 面 $ABCD$，

∴ AC 就是 $A'C$ 在面 $ABCD$ 上的正投影.

$\angle A'CA$ 就是 $A'C$ 和面 $ABCD$ 所成的角.

设正方体棱长为 1，则 $AA' = 1$，$AC = \sqrt{2}$，

∵ $\tan \angle A'CA = \dfrac{AA'}{AC} = \dfrac{\sqrt{2}}{2}$，

∴ $A'C$ 和面 $ABCD$ 所成角的正切值为 $\dfrac{\sqrt{2}}{2}$.

当直线和平面垂直时，我们称直线和平面所成角为 $90°$；当直线和平面平行或在平面内时，我们称直线和平面所成角为 $0°$.

应用赏析

金字塔有多高？

欧几里得是古希腊著名数学家、欧氏几何学开创者，被称为"几何之父". 他最著名的著作《几何原本》集古代数学之大成，论证严密，是整个人类文明发展史上的里程碑，全人类文化遗产中的瑰宝. 那时候，人们建造了高大的金字塔，可是谁也不知道金字塔究竟有多高. 有人这么说："要想测量金字塔的高度，比登天还难！"这话传到欧几里得耳朵里. 他笑着告诉别人："这有什么难的呢？当你的影子

跟你的身体一样长的时候，你去量一下金字塔的影子有多长，那长度便等于金字塔的高度！".

其实，欧几里得利用了当太阳光和地面所成的角为 $45°$ 时，金字塔的高度和影子的高度一样长所得。

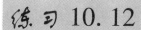 **练习 10.12**

1. 填空：

(1)过一点有_____条平面的垂线；

(2)作斜线段在平面内的正投影的步骤是：①过其端点（斜足除外）作平面的_____，②用直尺联结____足和____足；

(3)直线和平面所成角的范围是_____.

2. 判断对错：

(1)斜线段的长大于斜线段在平面内的正投影长；

(2)过平面外一点引两条平面的斜线段，若斜线段相等，则它们的正投影也相等；

(3)若两条直线和同一个平面所成的角相等，那么这两条直线平行.

3. 求证：两条平行线和同一个平面所成的角相等.

10.3.4　三垂线定理及其逆定理

试一试：把桌面想象成平面，将一支笔摆成平面的斜线，并找到这支笔在平面内的正投影，然后在桌面内调试另一支笔的位置. 观察另一支笔怎样放置时，才感觉它和平面的那条斜线垂直？

结论是：要让它和平面的斜线垂直，只要让它和斜线在平面内的正投影垂直；反之，要让它和斜线在平面内的正投影垂直，只要让它和这条斜线垂直. 这两个结论正确吗？下面从理论上加以证明.

已知：如图 10.41，AB 和 AO 分别是平面 α 的斜线和垂线，斜足为 B，垂足为 O，直线 a 在平面 α 内，$a \perp BO$.

求证：$a \perp AB$.

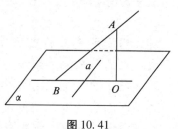

图 10.41

证明：∵ $AO \perp \alpha$，且直线 a 在平面 α 内，

∴ $AO \perp a$.

又 ∵ $a \perp BO$，$AO \cap BO = O$，

∴ $a \perp$ 平面 ABO.

∵ 斜线 AB 在平面 ABO 内，

∴ $a \perp AB$.

这说明第一个结论是正确的. 类似地，也能证明第二个结论.

上述两个结论反映的是平面的斜线、斜线在平面内的正投影、平面内的另一条直线三者之间的相互垂直关系，所以我们称之为三垂线定理和三垂线定理的逆定理.

三垂线定理　若平面内的一条直线和这个平面的一条斜线在平面内的正投影垂直，那么它和这条斜线也垂直.

三垂线定理的逆定理　若平面内的一条直线和这个平面的一条斜线垂直，那么它和这条斜线在平面内的正投影也垂直.

在平面内和正投影垂直的直线可以画出无数条,且这无数条直线相互平行. 所以,三垂线定理及其逆定理的图形还可是如图 10.42 所示的几种情况.

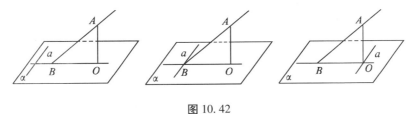

图 10.42

思考与探究

怎样最省力?

亲爱的同学们,你用铡刀铡过草吗? 你知道草怎样放置按下铡刀最省力吗?

 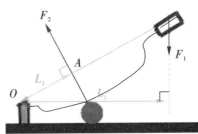

当力的方向与支点(转轴)和刀把末端的连线垂直时,力臂最大,即草与刀槽垂直时,最省力. 把刀槽所在的刀床想象成一个平面,草就是平面内的一条直线,掀起的刀刃是平面上的一条斜线,刀槽就是斜线在平面上的正投影. 这其实就是物理知识和三垂线定理的结合.

例 10.12 如图 10.43,$SO \perp$ 平面 $ABCDE$,$CD \perp SM$.

求证:$CD \perp OM$.

证明:∵ $SO \perp$ 平面 $ABCDE$.

∴ OM 是 SM 在平面 $ABCDE$ 内的正投影.

又∵ $CD \perp SM$,

∴ $CD \perp OM$.

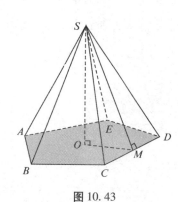

图 10.43

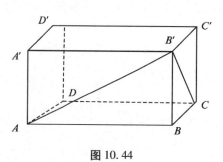

图 10.44

例 10.13 已知长方体的长 $AB=4$ cm,宽 $AD=2$ cm,高 $AA'=3$ cm.
求顶点 B' 到棱 AD、顶点 B' 到棱 CD 的距离(图 10.44).

解:联结 AB' 和 BC'.

因为 $BB'\perp$ 底面 $ABCD$,所以 AB,BC 分别是 $AB',B'C$ 在底面 $ABCD$ 内的正投影.

又因为 $AB\perp AD,BC\perp CD$,所以 $AB'\perp AD,B'C\perp CD$.

即线段 $AB',B'C$ 的长就是顶点 B' 到棱 AD,CD 的距离.

$AB'=\sqrt{4^2+3^2}=5$(cm); $B'C=\sqrt{3^2+2^2}=\sqrt{13}$(cm).

答:顶点 B' 到棱 AD、顶点 B' 到棱 CD 的距离分别为 5 cm 和 $\sqrt{13}$ cm.

练习 10.13

1. 下列说法是否正确,为什么?
(1)平面的斜线和平面内的任何直线都不垂直;
(2)平面的斜线和平面内的无数条直线垂直.

2. 如图,四边形 $ABCD$ 是正方形,$PA\perp$ 平面 $ABCD$.
求证:(1)$PD\perp CD$;(2)$PO\perp BD$.

3. 如图,O 是正方体 $ABCD$-$A'B'C'D'$ 的上底面中心,
(1)要过点 O 画一线段与 AO 的连线垂直,应怎样画线?
(2)若正方体的棱长为 2 cm,求顶点 A 到对角线 $B'D'$ 的距离.

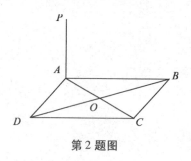

第 2 题图

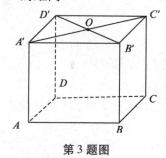

第 3 题图

10.4 两个平面的位置关系

我们知道,有公共点的两个平面一定相交,没有公共点的两个平面互相平行.所以两个平面的位置关系共有两种:平行和相交.具体特点和表示方法如表10.3.

表10.3

位置关系	公共点	图形表示	符号表示
两个平面相交	无数个 (公共点的集合是一条直线)		$\alpha \cap \beta = AB$
两个平面平行	无		$\alpha // \beta$

在用图形表示两个平行平面时,要将表示两个平面的平行四边形画成全等,并且对应边相互平行.

练习 10.14

1. 画两个互相平行的平面.
2. 选择填空:
(1)有公共点的两个平面一定_____.(平行 相交)
(2)互相平行的两个平面一定_____公共点.(有 没有)
(3)分别位于两个平行平面内的两条直线一定不_____.(平行 相交 异面)
(4)若两个平面平行,那么其中一个平面内的直线与另一个平面_____.(平行 相交)

10.4.1 两个平面平行的判定定理和性质定理

在现实生活中,常常需要检测两个平面是否平行,如楼房的顶部和水平地面、长方体柜子相对的两个面等(图10.45).若按照定义证明它们没有公共点是比较困难的.有没有便于操作的判断方法呢?

思考:

(1)让书的一边和桌面平行(图10.46),这时,书所在的平面和桌面是否一定平行?
(2)如果让书的相邻两边(两条相交直线)都和桌面平行,那么书所在的平面和桌面是否一定平行?

图 10.45

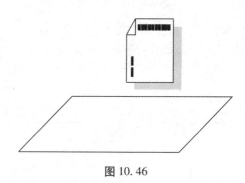

图 10.46

通过动手试验可以发现,如果让平面内的一条直线和另一个平面平行,那么不能保证这两个平面一定平行;如果让平面内的两条相交直线都和另一个平面平行,那么这两个平面一定给我们相互平行的直观形象.下面从理论上进行证明.

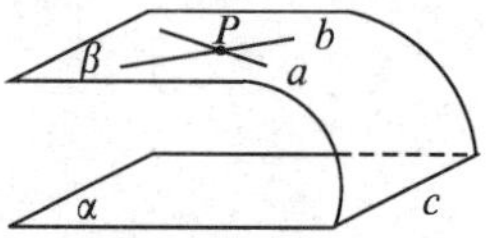

已知:$a \subset \beta, b \subset \beta, a \cap b = P$,且 $a /\!/ \alpha, b /\!/ \alpha$.

求证:$\alpha /\!/ \beta$(图 10.47).

图 10.47

证明:（反证法）假设 $\alpha /\!/ \beta$ 不成立,则 $\alpha \cap \beta = c$.

∵ $a \subset \beta, b \subset \beta$,且 $a /\!/ \alpha, b /\!/ \alpha$,

∴ a, b 都平行于 α 与 β 的交线 c.

∴ $a /\!/ b$.

这和已知 $a \cap b = P$ 相矛盾. 说明假设错误.

∴ $\alpha /\!/ \beta$.

两个平面平行的判定定理 若一个平面内存在两条相交直线都平行于另一个平面,那么这两个平面平行.

该定理用符号语言可表示为:

$a \subset \beta, b \subset \beta, a \cap b = P, a /\!/ \alpha, b /\!/ \alpha \Rightarrow \beta /\!/ \alpha$.

该定理可简记为"线面平行,则面面平行".

利用该定理判断两个平面是否平行,只要能在其中一个平面内找到两条相交直线和另一个平面平行. 如,把水准器在楼顶上交叉放两次,若水准器的气泡都居中,则说明楼顶和水平平面平行.

例 10.14 求证:若一个平面内的两条相交直线与另一个平面内的两条相交直线分别平行,那么这两个平面平行.

已知:$m \subset \alpha, n \subset \alpha, m \cap n = O, a \subset \beta, b \subset \beta, a \cap b = P$,

　　　$m /\!/ a, n /\!/ b$(图 10.48).

求证:$\alpha /\!/ \beta$.

证明: 假设 $a \subset \alpha$,那么由 $a \cap b = P$ 可推知 b 与平面 α 相交.

因为 $n \subset \alpha$

所以 b 与 n 相交或异面,这与已知 $n /\!/ b$ 矛盾.

因此,假设不成立,所以 $a \not\subset \alpha$.

同理可证　$b \not\subset \alpha, m \not\subset \beta, n \not\subset \beta$.

$$\left.\begin{array}{l} m \not\subset \beta \\ a \subset \beta \\ m \,/\!/\, a \end{array}\right\} \Rightarrow m \,/\!/\, \beta$$

$$\left.\begin{array}{l} \text{同理 } \quad n \,/\!/\, \beta \\ m \subset \alpha, n \subset \alpha, m \cap n = O \end{array}\right\} \Rightarrow \alpha \,/\!/\, \beta.$$

另外,还可以证明:垂直于同一条直线的两个平面平行.

如图 10.49 中凳子的上下两个面都垂直于中间的立柱,所以上下两个面平行.

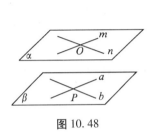

图 10.48

图 10.49

练习 10.15

1. 已知教室中黑板所在的墙面与地面是相交关系. 问:能否在该墙面内找到两条相交直线都平行于地面? 为什么?

2. 判断对错:

(1)若一个平面内有一条直线和另一个平面平行,那么这两个平面平行;

(2)若一个平面内有两条直线都平行于另一个平面,那么这两个平面平行;

(3)若一个平面内有无数条直线都平行于另一个平面,那么这两个平面平行;

(4)若一个平面内有两条相交直线都平行于另一个平面,那么这两个平面平行.

3. 自制一个简易水准器,检查你或同学的桌面是否和水平地面平行.

4. 已知:D,E,F 分别是 PA,PB,PC 的中点.

求证:平面 $DEF \,/\!/\,$ 平面 ABC.

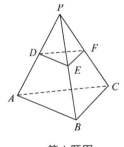

第 4 题图

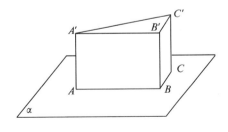

第 5 题图

5. 如图,不共线的三点 A',B',C' 在平面 α 的同一侧,且它们到平面 α 的距离 AA',

BB',CC'相等.求证:平面$A'B'C'$∥平面α.

我们知道,若两个平面平行,那么这两个平面没有公共点,进一步可推出分别位于这两个平面内的两条直线平行或异面.

思考:

如何在两个平行平面内找到互相平行的两条直线?

若平面α平行于平面β,那么可作第三个平面γ,让它和前两个平面都相交,设$\alpha\cap\gamma=a$,$\beta\cap\gamma=b$(图10.50).因为a,b分别在平面α和平面β内,所以a和b没有公共点.又因为a,b都在平面γ内,所以a∥b.

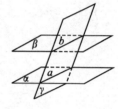

图10.50

两个平面平行的性质定理 一个平面和两个平行平面同时相交,所得的交线平行.

该定理用符号语言可表示为:

$$\alpha\mathbin{/\!/}\beta,\alpha\cap\gamma=a,\beta\cap\gamma=b\Rightarrow a\mathbin{/\!/}b.$$

该定理可简记为"面面平行,则线线平行".

例10.15 夹在两个平行平面间的平行线段相等.

已知:$\alpha\mathbin{/\!/}\beta$,$AA'\mathbin{/\!/}BB'$,$A\in\alpha$,$B\in\alpha$,$A'\in\beta$,$B'\in\beta$.

求证:$AA'=BB'$(图10.51).

证明: ∵$AA'\mathbin{/\!/}BB'$,$A\in\alpha$,$B\in\alpha$,$A'\in\beta$,$B'\in\beta$,

∴ AA',BB'可确定一个平面γ.

且 $\alpha\cap\gamma=AB$,$\beta\cap\gamma=A'B'$.

∵ $\alpha\mathbin{/\!/}\beta$,

∴ $AB\mathbin{/\!/}A'B'$.

∴ 四边形$ABB'A'$是平行四边形.

∴ $AA'=BB'$.

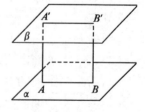

图10.51

如果两个平面平行,那么其中一个平面内的所有点到另一个平面的距离相等.(想一想,这是为什么?)

若两个平面平行,那么其中一个平面上任意一点到另一个平面的距离,我们称之为这两个平行平面间的距离.

练习 10.16

1. 判断对错:

(1)$a\subset\alpha$,$b\subset\beta$,$\alpha\mathbin{/\!/}\beta\Rightarrow a\mathbin{/\!/}b$;

(2)$a\subset\alpha$,$\alpha\mathbin{/\!/}\beta\Rightarrow a\mathbin{/\!/}\beta$;

(3)$\alpha\mathbin{/\!/}\beta$,$\alpha\mathbin{/\!/}\gamma\Rightarrow\beta\mathbin{/\!/}\gamma$;

（4）$a \perp \alpha, \alpha // \beta \Rightarrow a \perp \beta$.

2. 一个几何体被平行于底面的平面所截,求证:截面 DEF 和底面 ABC 是相似三角形.

3. 已知:$\alpha // \beta$,直线 a 与平面 α,β 都相交. 求证:直线 a 与平面 α,β 所成的角相等.

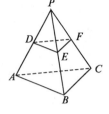

第 2 题图

10.4.2 二面角

两条直线相交有夹角、直线和平面相交有直线和平面所成的角,那么,两个平面相交所形成的角怎样定义呢?

平面内的一条直线将这个平面分成两部分,我们把其中每一部分都称作半平面. 从一条直线出发的两个半平面组成的图形称作二面角(图 10.52). 这两个半平面称作二面角的面. 这条直线称作二面角的棱. 显然两个相交平面形成四个二面角(图 10.53).

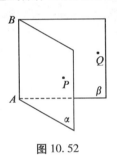

图 10.52

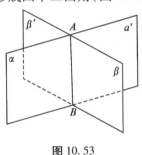

图 10.53

二面角通常采用"面-棱-面"或"点-棱-点"的方法表示. 如图 10.52 所示的二面角可记作:二面角 $\alpha-AB-\beta$ 或 $\angle \alpha-AB-\beta$ 或二面角 $P-AB-Q$ 或 $\angle P-AB-Q$.

用什么反映二面角的大小呢?

在前面的学习中可以发现,空间问题往往通过转化为平面问题而得到解决. 如两条异面直线所成角的大小、平面的斜线与平面所成角的大小等. 那么,二面角的大小,应该通过怎样的角来反映呢?

如图 10.54,在二面角 $\alpha-AB-\beta$ 中,我们在棱 AB 上任取一点 O,过点 O 分别在它的两个面 α,β 内作垂直于棱 AB 的射线 OC, OD. 同样办法,我们再在棱 AB 上另取一点 O',过点 O' 分别在两个面 α,β 内作垂直于棱 AB 的射线 $O'C',O'D'$.

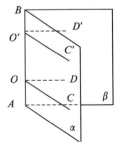

图 10.54

因为在同一平面内,垂直于同一条直线的两条直线平行,所以 $OC // O'C', OD // O'D'$,并由此推出 $\angle COD = \angle C'O'D'$. 这说明点 O 无论在棱上任何位置,按照上述方法所得到的角的大小是一样的. 因此,用这种方法构造的角的大小对确定的二面角来说是唯一的,所以它能反映这个二面角的大小.

在二面角的棱上任取一点,过该点分别在二面角的两个面内引垂直于棱的射线,这两条射线所组成的角我们称之为这个二面角的平面角. 二面角的平面角是多少度,我们就说这个二面角是多少度. 如图 10.55，在地理学中，我们说地球轨道面和赤道面的交角是 23°26′，指的就是地球轨道面和赤道面所成二面角中较小的那个二面角的平面角是 23°26′.

我们常说幼儿园的滑梯不能太陡了，就是指滑梯的滑面与地面所成二面角的度数不能太大（图 10.56）.

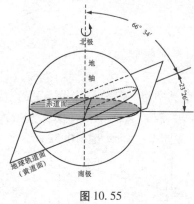

图 10.55

图 10.56

 思考：

怎样画出教室内相邻两面墙所形成的二面角的平面角.

例 10.16 如图 10.57，已知 $SO \perp$ 底面 $ABCDE$，$SM \perp AB$，$SO = 3$ cm，$SM = 3\sqrt{2}$ cm. 求侧面 SAB 与底面 $ABCDE$ 所成二面角的度数.

解：$\because SO \perp$ 底面 $ABCDE$，

$\therefore OM$ 是 SM 在底面 $ABCDE$ 上的正投影.

$\because SM \perp AB$，

$\therefore OM \perp AB$.

$\therefore \angle SMO$ 是侧面 SAB 与底面 $ABCDE$ 所成二面角的平面角.

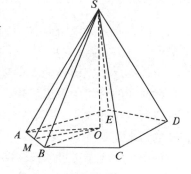

图 10.57

又 $\because \sin \angle SMO = \dfrac{SO}{SM} = \dfrac{3}{3\sqrt{2}} = \dfrac{\sqrt{2}}{2}$，

$\therefore \angle SMO = 45°$. 即侧面 SAB 与底面 $ABCDE$ 所成二面角度数为 $45°$.

练习 10.17

1. 如图，用角尺测量零件相邻两个面所成角的大小时，怎样摆放角尺，测量的结果才准确？

2. 如图，大坝的护坡和水面所成二面角的平面角是锐角还是钝角？

第 1 题图

第 2 题图

3. 动手测量你所接触到的幼儿园的滑梯倾斜度,并调查老师、家长以及小朋友,了解滑梯的倾斜度是否合理.

4. 如图,已知一个大坝护坡 α 相对于水平地面 β 的倾斜度是 $30°$,坡上有一点 P 到棱 l 的距离是 20 m. 求点 P 到水平地面的距离.

5. 如图,已知 $l \perp \gamma$,$\alpha \cap \gamma = a$,$\beta \cap \gamma = b$. 求证:射线 a,b 所组成的角是二面角 α-l-β 的平面角.

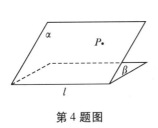

第 4 题图

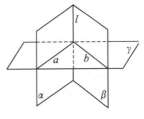

第 5 题图

10.4.3　两个平面垂直的定义、判定定理和性质定理

如果两个相交平面所成二面角的度数是 $90°$,我们就称这两个平面互相垂直. 如教室内相邻两面墙、正方体相邻的两个面等,都给我们互相垂直的直观形象.

在用图形表示两个互相垂直的平面时,常常把一个平行四边形的一组对边画成和另一个平行四边形的一组对边垂直(图 10.58).

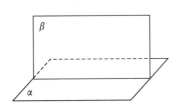

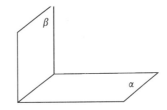

图 10.58

平面 α 和平面 β 互相垂直,用符号语言可表示为 $\alpha \perp \beta$.

如图 10.59,由于重力作用,铅垂线和水平地面垂直,工人师傅检测时,如果看到墙角所在直线和铅垂线平行,或墙面与铅垂线平行,就判断墙面和地面垂直. 想一想,这一判定

141

方法的依据是什么？

已知：$AB \subset \beta$，$AB \perp \alpha$，垂足为 B（图 10.60）.

求证：$\alpha \perp \beta$.

证明： $\because$ $B \in \alpha$，且 $B \in \beta$，

$\therefore \alpha$ 和 β 必定相交，且点 B 在它们的交线上.

设 $\alpha \cap \beta = a$.

在平面 α 内过点 B 作射线 BC 垂直于交线 a.

$\because$ $AB \perp \alpha$，

$\therefore AB \perp a$，且 $AB \perp BC$.

$\therefore \angle ABC$ 是二面角 $\alpha - a - \beta$ 的平面角，且 $\angle ABC = 90°$.

$\therefore \alpha \perp \beta$.

图 10.59

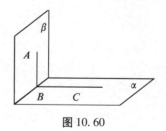

图 10.60

两个平面垂直的判定定理 一个平面过另一个面的垂线，则这两个平面垂直.

该定理用符号语言可表示为 $a \perp \alpha, a \subset \beta \Rightarrow \alpha \perp \beta$.

该定理可简记为"线面垂直，则面面垂直".

如图 10.61，在圆锥中，面 SAO、面 SBO 都经过圆锥的高 SO（底面的垂线），所以面 SAO、面 SBO 都与圆锥的底面垂直.

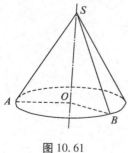

图 10.61

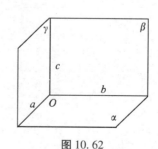

图 10.62

例 10.17 共点的三条直线两两垂直，求证：它们中每两条所确定的平面也两两垂直.

已知:$a\cap b\cap c=O,a\perp b,b\perp c,c\perp a,a$ 和 b,b 和 c,c 和 a 所确定的平面分别为 α,β,γ（图 10.62）.

求证:$\alpha\perp\beta,\beta\perp\gamma,\gamma\perp\alpha$.

证明:

$$\left.\begin{array}{r}b\perp a\\ b\perp c\\ a\cap c=O\\ a\subset\gamma\\ c\subset\gamma\end{array}\right\}\Rightarrow\left.\begin{array}{c}b\perp\gamma\\ b\subset\alpha\quad b\subset\beta\end{array}\right\}\Rightarrow\alpha\perp\gamma,\beta\perp\gamma.$$

同理可证:$\alpha\perp\beta$.

练习 10.18

1. 判断下列命题是否正确:

（1）若 $a\perp\alpha,a\subset\beta$，则 $\beta\perp\alpha$;

（2）若 $a\perp\alpha,a//b,b\subset\beta$，则 $\beta\perp\alpha$;

（3）若 $a\subset\beta,b\subset\alpha,c\subset\alpha,a\perp c,a\perp b$，则 $\beta\perp\alpha$.

2. 工人师傅在检查工件相邻的两个面是否垂直时,有时用一种活动角尺（如图）. 将角尺的一边靠紧所要检查的工件的一个面,让另一边在所要检查的工件的另一个面上转动一下,观察转动的这条边和这个面是否密合. 若密合,就判断工件相邻的这两个面垂直. 请问原理是什么?

3. 如图,已知:$VA\perp AC,VA\perp AB$.

问:该几何体中哪些面相互垂直?

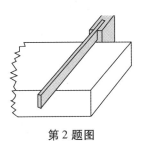

第 2 题图

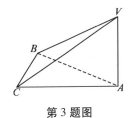

第 3 题图

4. 已知:$a//\beta,a\perp\alpha$. 求证:$\beta\perp\alpha$.

由判定定理我们知道,若两个平面垂直,那么其中一个平面内必存在直线和另一个平面垂直. 如何找到这样的直线呢?

两个平面垂直的性质定理 1　若两个平面垂直,则一个平面内垂直于交线的直线与另一平面垂直.

已知:$\alpha\perp\beta,\alpha\cap\beta=a,AB\subset\beta,AB\perp a$，垂足为 B（图 10.63）.

求证：$AB \perp \alpha$.

证明： 过点 B 在平面 α 内作射线 $BC \perp a$.

$\because AB \subset \beta, AB \perp a$,

$\therefore \angle ABC$ 是二面角 α-a-β 的平面角.

$\because \alpha \perp \beta$,

$\therefore \angle ABC = 90°$. 即 $AB \perp BC$.

又 $\because AB \perp a, a \subset \alpha, BC \cap a = B$,

$\therefore AB \perp \alpha$.

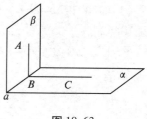

图 10.63

该定理用符号语言可表示为

$\alpha \perp \beta, \alpha \cap \beta = a, AB \subset \beta, AB \perp a \Rightarrow AB \perp \alpha$.

该定理可简记为"面面垂直，则线面垂直".

我们知道教室内的墙面和地面是相互垂直的，如果让我们的后脑勺贴着墙面，同时保证我们的身体站直，可以发现我们的身体也贴到了墙面上. 这一现象反映了两个平面垂直的又一个性质：

两个平面垂直的性质定理 2 若两个平面垂直，那么过一个平面内一点垂直于另一个平面的直线必在第一个平面内.

已知：$\alpha \perp \beta, \alpha \cap \beta = c, O \in \beta, O \in a, a \perp \alpha$（图 10.64）.

求证：$a \subset \beta$.

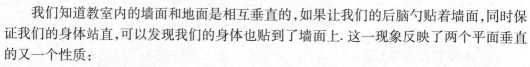

图 10.64

证明：（反证法）假设 $a \not\subset \beta$.

那么我们过点 O 可在平面 β 内作直线 b，使 $b \perp c$.

因为 $\beta \perp \alpha, \alpha \cap \beta = c$,

所以由两个平面垂直的性质定理 1 可得：$b \perp \alpha$.

这样，过同一点 O 就有两条直线 a, b 都垂直于平面 α. 这与"过一点有且只有一条直线和一个平面垂直"矛盾.

因此假设 $a \not\subset \beta$ 不成立，所以 $a \subset \beta$.

在长方体中（图 10.65），已知侧面 $ABB'A'$、侧面 $BCC'B'$、侧面 $CDD'C'$ 都与底面 $ABCD$ 垂直.

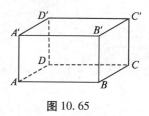

图 10.65

想一想　垂直于同一个平面的两个平面是否一定平行?

两个平面垂直的性质定理 3　若两个相交平面都和第三个平面垂直,那么它们的交线也和第三个平面垂直.

 思考: 你能证明这个定理吗?

练习 10.19

1. 在正方体中(如图):

(1) 对角面 BD' 和上底面 $A'C$ 是否垂直? 为什么?

(2) 若要过点 A' 作垂直于对角面 BD' 的直线,应怎样画线?

(3) 已知正方体的棱长为 1 cm,求点 A' 到对角面 BD' 的距离.

2. 已知: $\alpha \perp \gamma, \alpha /\!/ \beta.$ 求证: $\beta \perp \gamma.$

3. 已知: $\alpha \perp \gamma, \beta \perp \gamma, \alpha \cap \gamma = a, \beta \cap \gamma = b, a /\!/ b$(如图).

　　求证: $\alpha /\!/ \beta.$

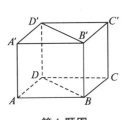

第 1 题图

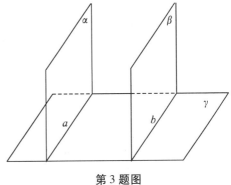

第 3 题图

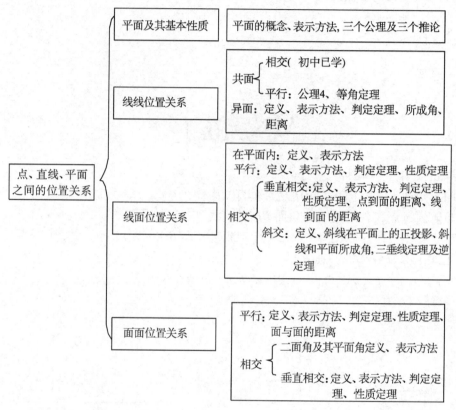

本 章 小 结

一、知识结构

二、知识回顾与方法总结

1. 本章内容共分四部分. 在第一部分,我们学习了平面的概念及其基本性质. 通过学习,我们知道了日常生活中所谈的平面和数学中所讲的平面的含义是不完全相同的. 而且学会了用"有限"表示"无限",如:用平行四边形表示无限延展的、没有边界的平面. 但是,要注意不能把平行四边形的边看成是所表示的平面的边界. 平面的基本性质包括三个公理和三个推论,它们是将空间图形问题转化为平面图形问题的重要理论基础. 你能说出它们的具体内容和主要作用吗? 能举出生活中的一些应用吗?

2. 在第二部分线与线的位置关系中,除了平行和相交(初中已学),我们主要探讨了空间还存在的另一种位置关系——异面直线. 异面直线不是指分别在两个平面内的直线,这样的两条直线可能异面,也可能平行或相交;异面直线和平行直线都没有公共点,所以在空间,没有公共点的两条直线不一定是平行直线;异面直线所成角的定义把不共面的两条直线之间的角度问题转化为共面的两条相交直线的夹角问题. 当异面直线所成角是直角时,我们称这两条直线互相垂直. 所以在空间互相垂直的两条直线不一定相交. 你能以自己熟悉的周围环境或正方体、长方体为例,找出几对异面直线,并指出它们所成的角和它们之间的距离吗?

在空间,过一点和已知直线垂直的直线可以做多少条?

3. 在第三和第四部分,主要介绍了线与面、面与面平行和垂直的判定定理、性质定理. 一方面我们要清楚这些定理的主要结构,同时也要搞清"线线平行⇔线面平行""线面平行⇔面面平行""线线垂直⇔线面垂直""线面垂直⇔面面垂直"中"线"和"面"的具体含义. 如"线线垂直⇔线面垂直"中的"线线垂直"是指一条直线和平面内的两条相交直线都垂直,在这里,"平面内""两条""相交"这些条件都不能忽略. 另外,学完全章后,判定平行和垂直的方法就更多了,如面面平行的性质定理同时又是线线平行的判定定理,面面垂直的性质定理同时又是线面垂直的判定定理. 你能把全章的定理归类总结成一个表吗? 这对你系统掌握本章的知识、提高自己的归纳概括能力可是很有好处哟.

4. 将空间图形问题转化为平面图形问题是立体几何的一个重要思想,这一思想不仅体现在平行与垂直的判定与性质方面,在其他方面也都有体现. 如:异面直线所成角问题转化为共面的两条相交直线的夹角问题;斜线和平面所成角问题转化为斜线和它在平面内的正投影所成角问题;两个相交平面所成角问题转化为二面角的平面角问题. 再如:两个平行平面间的距离、相互平行的线面间的距离、两条异面直线间的距离等都转化成了点与点(垂足)间的距离问题. 你在学习和做题时留心这些转化了吗? 另外要注意:平面几何里的定理对平面图形仍然成立,但对空间图形,一般都要经过证明后才能应用. 如"垂直于同一条直线的两条直线平行"在平面几何中成立,但是在空间就不再成立了. 你可不要用错啊!

练一练

1. 求证:在空间,过一点只能有一个平面和已知直线垂直.

2. 如图,已知点 $A \in \alpha, B \in \alpha, C \in \gamma$. 画出过 A, B, C 三点的平面以及该平面与平面 α, β, γ 的交线.

3. 已知,如图三个平面两两垂直. 求证:它们的交线也两两垂直.

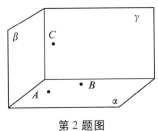

第2题图

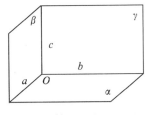

第3题图

4. 已知点 P 是 $\angle BAC$ 所在平面 α 外一点, $\angle PAC = \angle PAB$, P 在平面 α 上的正投影是 O(不同于 A).

求证:AO 是 $\angle BAC$ 的平分线.

本章练习参考答案

学前基础数学（下册）

练习 10.1

1.（1）错. 因为波浪起伏的水面不是平的；

（2）错. 因为乒乓球的表面不是平的；

（3）错. 因为平面是没有厚薄之说的；

（4）对. 因为平面是无限延展的、没有边界的；

（5）错. 因为平面是无限延展的、没有边界的；

（6）错. 因为平面都是无限延展的.

2.（略）.

3.（略）.

4.（略）.

练习 10.2

1. 当直尺和工件表面密合时,说明工件表面是平的,否则就是不平.

2.（略）.

3.（1）$A \in a$；$B \in a$；$A \in \alpha$；$B \notin \alpha$；$\alpha \cap \beta = b$.

（2）$A \in \alpha$；$A \in \beta$；$a \subset \alpha$；$a \subset \beta$；$\alpha \cap \beta = a$.

4. 不对. 因为如果这三点在同一条直线上,那么经过它们的平面就有无数多个. 所以应该说"经过不共线的三点有且只有一个平面".

练习 10.3

1.（1）错. 一条直线和直线外一点确定一个平面；（2）对；（3）对.

2.（略）.

3. 证明：$\because AB$ 和 AC 两边相交,

$\therefore$ 直线 AB 和 AC 可确定一个平面 α（推论2）.

又 $\because B \in AB, C \in AC$,

$\therefore B \in \alpha, C \in \alpha$.

$\therefore BC \subset \alpha$（公理1）.

即 AB, BC, AC 三条边都在平面 α 内. 所以 $\triangle ABC$ 是平面图形.

4.（1）3 个；（2）3 个；（3）4 个.

练习 10.4

1.（1）正确；（2）不正确. 因为这两条直线还可能异面；（3）不正确. 这两条直线也可能相交或平行.

2. 如答案图 1 和答案图 2 所示.

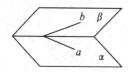

答案图 1　相交直线

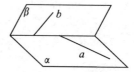

答案图 2　异面直线

3.（略）.

4（1）平行;（2）相交;（3）异面;（4）异面;（5）异面.

练习 10.5

1. 如答案图 3，让直线 a,b 都与交线 c 平行. 根据是公理 4

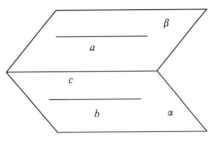

答案图 3

2. 相似. 由等角定理可证明 $\angle BAC = \angle B'A'C'$，$\angle ABC = \angle A'B'C'$，$\angle BCA = \angle B'C'A$.

3.（略）.

4.（1）不正确;（2）不正确.

5.（1）（略）;（2）$\dfrac{9}{8}a^2$.

练习 10.6

1.（1）45°;（2）45°;（3）90°;（4）60°.

2. AA',BB',CC',DD',BC,$B'C'$,AD,$A'D'$，其中 AA',BB' BC,AD 是相交垂直,CC',DD',$B'C'$,$A'D'$ 是异面垂直

3. 测量两条道路的公垂线段的长.

4.（1）错. 互相垂直的两条直线可能相交,还可能异面;（2）正确;（3）错. 垂直于同一条直线的两条直线可能平行,还可能相交或异面.

练习 10.7

1.（1）C;（2）D;（3）D;（4）丙.

2.（1）在平面内;（2）平行;（3）相交;相交.

3.（1）对;（2）不对;（3）对;（4）不对.

练习 10.8

1.（1）$a \not\subset \alpha$;（2）$b \subset \alpha$;（3）$a /\!/ b$.

2. 和面 $A'C'$、面 CD' 平行.

3.（略）

练习 10.9

1.（1）设黑板所在平面和地面的交线为 b,那么只要在地面内作和直线 b 平行的直线即可;根据是线面平行的性质定理和公理 4;这样的直线可以画无数条;这些直线相互平行;

（2）设黑板所在平面和地面的交线为 b,那么只要在地面内作和直线 b 不平行的直线即可;因为一条直线若和一个平面平行,那么它和这个平面内的直线不平行就是

异面.

2. (1)不正确;(2)不正确.

3. 证明: $\left.\begin{array}{l} AB/\!/\alpha \\ AB\subset\beta \\ \alpha\cap\beta=a \end{array}\right\} \Rightarrow AB/\!/a$;同理可证 $AB/\!/b$; $AB/\!/c$;…

由公理 4 可得 $a/\!/b/\!/c/\!/$…

4. 在长方体木料的上底面 A_1C_1 内过点 P 作和棱 B_1C_1 平行的直线,与棱 A_1B_1, C_1D_1 分别相交于 E, F,然后再联结 BE, CF,则 EF, BE, CF 就是所要画的线. EF 和长方体木料的下底面平行, BE, CF 和长方体木料的下底面相交.

5. (略).

练习 10. 10

1. (1)错;(2)错;(3)错;(4)对.

2. 垂直.

3. 垂直. 依据是线面垂直的判定定理2.

4. (略).

练习 10. 11

1. (1)对;(2)对;(3)对.

2. 证明: $\because \alpha\cap\beta=AB, PC\perp\alpha, PD\perp\beta,$

$\therefore PC\perp AB, PD\perp AB.$

$\because PC\cap PD=P,$

$\therefore AB\perp$ 平面 $PCD.$

又 $\because CD$ 在平面 PCD 内,

$\therefore AB\perp CD.$

3. (1)4 cm;(2)4 cm;(3) $2\sqrt{6}$ cm.

练习 10. 12

1. 一条;(2)垂线 ;垂 ;斜;(3) $[0°,90°]$.

2. (1)对;(2)对;(3)错

3. 如答案图 4

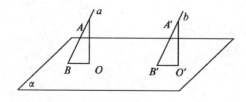

答案图 4

已知: $a/\!/b$,

求证:直线 a, b 与平面 α 所成角相等.

证明:(1)当直线 a 和平面 α 垂直时,

　　∵ $a/\!/b$,

　　∴ $b\perp\alpha$.

　　∴ a,b 与平面 α 所成的角都是 $90°$;

(2)当直线 a 在平面 α 内或与平面 α 平行时,直线 b 也在平面 α 内或与平面 α 平行,这时直线 a,b 与平面 α 所成角都为 $0°$.

(3)当直线 a,b 都是平面 α 的斜线时,设斜足分别为 B,B',

分别作 $AO\perp\alpha,A'O'\perp\alpha$(如图).

∵ $AO\perp\alpha,A'O'\perp\alpha$,

∴ $\triangle ABO$ 和 $\triangle A'B'O'$ 都是直角三角形,且 $AO/\!/A'O'$.

又∵ $a/\!/b$,∴ $\angle BAO=\angle B'A'O'$.

∴ $\angle ABO=\angle A'B'O'$.

练习 10.13

1.(1)错;(2)对.

2.(略).

3.(1)联结 $B'D'$;(2)$\sqrt{6}$ cm.

练习 10.14

1.(略).

2.(1)相交;(2)没有;(3)相交;(4)平行.

练习 10.15

1. 不能.

2.(1)错;(2)错;(3)错;(4)对.

3.(略).

4.∵ D,E,F 分别是三棱锥 $P-ABC$ 的棱 PA,PB,PC 的中点,

　　∴ $DE/\!/AB,EF/\!/BC$.

又∵ $DE\cap EF=E,AB\cap BC=B$,

　　∴ 平面 $DEF/\!/$ 平面 ABC.

5. 证明:∵ AA',BB',CC' 都是平面 α 的垂线,

　　　　∴ $AA'/\!/BB'/\!/CC'$.

　　　又∵ $AA'=BB'=CC'$,

　　　　∴ 四边形 $A'B'BA$ 和 $A'C'CA$ 都是平行四边形.

　　　　∴ $AB/\!/A'B',AC/\!/A'C'$.

　　　∵ $A'B'\subset$ 平面 $A'B'C',A'C'\subset$ 平面 $A'B'C',A'B'\cap A'C'=A'$,

　　　　$AB\subset\alpha,AC\subset\alpha,AB\cap AC=A$,

　　　　∴ 平面 $A'B'C'/\!/$ 平面 α.

练习 10.16

1.(1)错;(2)对;(3)对;(4)对.

2. 证明:∵ 截面 DEF 和底面 ABC 平行,

$$\therefore DE /\!/ AB, \ EF /\!/ BC, \ DF /\!/ AC.$$

$$\therefore \angle ABC = \angle DEF, \ \angle BCA = \angle EFD, \ \angle BAC = \angle EDF.$$

$$\therefore \triangle DEF \backsim \triangle ABC.$$

3.（略）.

练习 10.17

1. 让角尺的两边与工件的棱同时垂直.

2. 钝角.

3.（略）.

4. 10 m.

5. 证明：$\because l \perp \gamma, \alpha \cap \gamma = a, \beta \cap \gamma = b$，

$\qquad \therefore l \perp a, l \perp b.$

$\qquad$又$\because \alpha \subset a, b \subset \beta$，

$\qquad \therefore$ 射线 a, b 所组成的角是二面角 $\alpha - l - \beta$ 的平面角.

练习 10.18

1.（1）对；（2）对；（3）错.

2. 线面垂直的判定定理和面面垂直的判定定理.

3. 面 $VAB \perp$ 面 ABC，面 $VAC \perp$ 面 ABC.

4. 证明：过 a 作一平面与 β 相交，设交线为 b.

$\qquad \because a /\!/ \beta$，

$\qquad \therefore a /\!/ b.$

$\qquad$又$\because a \perp \alpha$，

$\qquad \therefore b \perp \alpha.$

$\qquad \therefore \beta \perp \alpha.$

练习 10.19

1.（1）是. 因为对角面 BD' 经过上底面 $A'C'$ 的垂线 BB'.

（2）联结上底面的对角线 $A'C'$ 即是. （3）$\dfrac{\sqrt{2}}{2}$ cm.

2. 证明：设 $\alpha \cap \gamma = a$，在平面 γ 内作直线 $b \perp a$（答案图 5）.

$\because \alpha \perp \gamma, \therefore b \perp \alpha.$

$\because \alpha /\!/ \beta, \therefore b \perp \beta.$

又$\because$ 直线 b 在平面 γ 内，

$\therefore \gamma \perp \beta.$

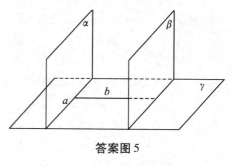

答案图 5

3.（略）.

练一练

1. 已知：点 O 和直线 a.

求证：过点 O 只能有一个平面和直线 a 垂直.

证明：假设过点 O 同时有两个平面 α, β 和直线 a 垂直. 那么过点 O 和直线 a 的平面

γ,和平面 α,β 都相交.

设 $\alpha\cap\gamma=b,\beta\cap\gamma=c$.

∵ $a\perp\alpha,a\perp\beta$,

∴ $a\perp b,a\perp c$.

这样在平面 γ 内,过点 O 同时有两条直线 b,c 和直线 a 垂直. 这是不可能的.

∴ 过点 O 只能有一个平面和直线 a 垂直.

2. 如答案图 6 所示.

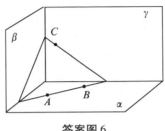

答案图 6

3. 已知: $\alpha\perp\beta,\alpha\perp\gamma,\beta\perp\gamma$,且 $\alpha\cap\beta=a$,

　　　$\alpha\cap\gamma=b,\beta\cap\gamma=c$.

求证: $a\perp b,b\perp c,c\perp a$.

证明:如答案图 7 所示,∵ $\alpha\perp\beta,\alpha\perp\gamma,\beta\cap\gamma=c$,

　　　　　　　∴ $c\perp\alpha$.

　　　　　又∵ $\alpha\cap\beta=a,\alpha\cap\gamma=b$,

　　　　　　　∴ $c\perp a,c\perp b$.

同理可证 $a\perp b$.

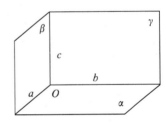

答案图 7

4. 证明:如答案图 8 所示,作 $PE\perp AB,PF\perp AC$,垂足分别是 E,F.

在直角三角形 $\triangle PAE$ 和 $\triangle PAF$ 中,

∵ $\angle PAC=\angle PAB,PA=PA$,

∴ $\triangle PAE\cong\triangle PAF$.

∴ $PE=PF$.

又∵ $PO\perp\alpha$,

∴ OE,OF 分别是 PE,PF 在平面 α 上的正投影,

　且 $OE\perp AB,OF\perp AC,OE=OF$.

在直角三角形 $\triangle AEO$ 和 $\triangle AFO$ 中, $OE\perp AB,OF\perp AC$,

　$OE=OF,AO=AO$.

∴ $\triangle AEO\cong\triangle AFO$.

∴ $\angle BAO=\angle CAO$. 即 AO 是 $\angle BAC$ 的平分线.

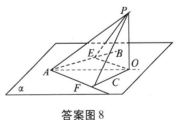

答案图 8

153

第 11 章

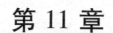

多面体和旋转体

你知道什么是多面体和旋转体吗？由若干个平面多边形围成的几何体我们称作多面体，如粉笔盒、三棱镜、方砖、金字塔等；由平面图形以一条直线为旋转轴旋转一周所形成的面围成的几何体我们称作旋转体，如圆钢、粉笔、铅锤、实心球等. 多面体和旋转体在我们周围广泛存在着，它们独特的几何结构不仅被应用于各种造型设计，还是美化我们生活取之不尽的素材源泉.

本章，我们将研究一些常见的多面体和旋转体的几何结构、模型制作、直观图画法以及表面积和体积的求法. 相信通过本章的学习，不仅会进一步提高你的空间想象力、解决问题的能力，而且在将来的幼儿园教学中，你可以灵活地组合，画出各种漂亮的图案、制作出各种精美的教具和学具，提高自己的教学质量.

11.1 多面体的结构特征与模型制作

图 11.1 中的几何体都是多面体. 我们把围成多面体的各个多边形(注:本章所说的多边形,一般包括它内部的平面部分)叫作多面体的面,面与面的公共边叫作多面体的棱,面与面的公共顶点叫作多面体的顶点. 你能根据结构特征对图 11.1 中的多面体进行分类吗?

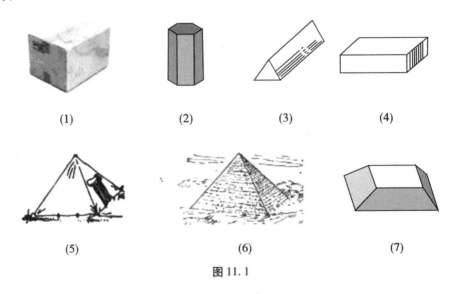

(1)　　　　(2)　　　　(3)　　　　(4)

(5)　　　　　　(6)　　　　　　(7)

图 11.1

11.1.1 棱柱

图 11.1 中的(1)～(4),都给我们带棱的、柱的直观形象,仔细观察,说出它们共同的结构特征.

一般地,有两个面互相平行,其余各面都是四边形,并且每相邻两个四边形的公共边都互相平行,由这些面所围成的几何体叫棱柱,两个互相平行的面叫作棱柱的底面,其余各面叫作棱柱的侧面,两个侧面的公共边叫作棱柱的侧棱,侧面与底面的公共顶点叫作棱柱的顶点,不在同一个面上的两个顶点的连线叫作棱柱的对角线,两个底面之间的距离叫作棱柱的高. 如图11.2 中的棱柱,多边形 *ABCDE* 和 *A'B'C'D'E'* 是底面,四边形*ABB'A'*,*BCC'B'* 等是侧面,*A'A*,*B'B* 等是侧棱,*H'H* 是高.

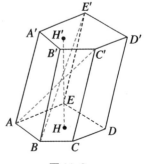

图 11.2

棱柱如何用字母表示呢? 用底面各顶点的字母来表示,如图 11.2 中的棱柱,记作棱柱 *ABCDE-A'B'C'D'E'*;也可用一条对角线端点的两个字母来表示,例如,棱柱 *AC'*.

棱柱可以按不同的标准进行分类.

按底面的边数分类:底面是三角形、四边形、五边形…时,分别叫作三棱柱[图 11.3 (1)]、四棱柱[图 11.3(2)]、五棱柱[图 11.3(3)]….

按侧棱与底面的关系分类:侧棱不垂直于底面的棱柱叫作斜棱柱[图 11.3(1)];侧棱垂直于底面的棱柱叫作直棱柱[图 11.3(2)(3)];底面是正多边形的直棱柱叫作正棱柱[图 11.3(3)].

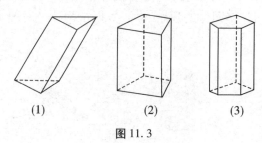

(1)   (2)   (3)

图 11.3

 **思考:**

1. 棱柱的侧棱都相等吗? 侧面都是平行四边形吗?

2. 直棱柱的侧棱与高相等吗? 侧面都是矩形吗? 底面也是矩形吗?

3. 正棱柱的侧面是正方形吗?

几种特殊的四棱柱:底面是平行四边形的四棱柱叫作平行六面体[图 11.4(1)].侧棱与底面垂直的平行六面体叫作直平行六面体[图 11.4(2)].底面是矩形的直平行六面体叫作长方体[图 11.4(3)].棱长都相等的长方体叫作正方体[图 11.4(4)].

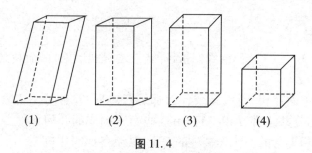

(1)   (2)   (3)   (4)

图 11.4

练习 11.1

1. 下面的几何体是否是棱柱? 为什么?

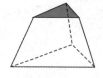

第 1 题图

2. 如图，长方体 $ABCD-A'B'C'D'$ 中被截去一部分，其中截面 $EHGF/\!/B'C'$. 剩下的几何体是棱柱吗？截去的几何体是棱柱吗？

3. 用图形表示四棱柱集合、平行六面体集合、直平行六面体集合、长方体集合、正方体集合间的包含关系.

4.（1）长方体是直四棱柱，直四棱柱是长方体吗？

（2）正方体是正四棱柱，正四棱柱是正方体吗？

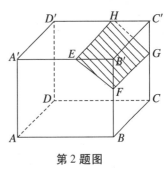

第2题图

在实际生活和教学中，常常需要制作一些几何体模型，而解决这样的问题首先要画出几何体的表面展开图. 一般地，把一个几何体的各面，依次连续地展开在一个平面上，所得的图形叫作这个几何体的表面展开图.

以直棱柱为例. 由于直棱柱的每个侧面都是矩形，所以侧面展开后也是一个矩形，这个矩形的一边长等于棱柱的底面周长，另一边的长等于棱柱的高，画出侧面展开图后，再画出表示上、下底面的多边形，就得到了相应直棱柱的表面展开图. 如图 11.5(2) 就是直三棱柱(1)的表面展开图.

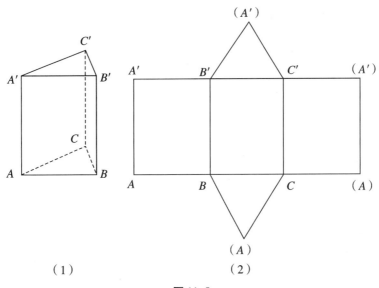

（1）　　　　　　（2）

图 11.5

正方体 $ABCD-A'B'C'D'$（图 11.6）的棱长为 a，有一只小虫在正方体的表面上，从顶点 A 爬到顶点 C'. 爬行的最短路线有多长？

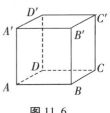

图 11.6

练习 11.2

1. 你能指出下面图形中哪些是正方体的表面展开图吗？

(1)   (2)   (3)

(4)   (5)   (6)

第 1 题图

2. 如图所示，说出它们分别是什么样的棱柱的表面展开图.

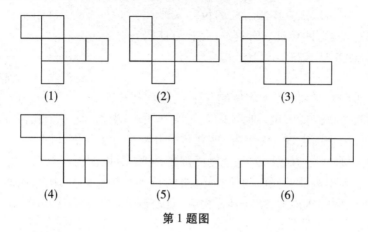

第 2 题图

3. 如图，在实际做模型时，为美观、严实，在接缝处常留有余地. 请按照如图选择适当尺寸做一个文具盒（画上自己喜欢的图案）.

4. 制作底面边长为 4 cm，侧棱长为 10 cm 的正三棱柱模型.

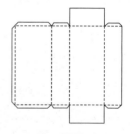

第 3 题图

11.1.2 棱锥

 　棱柱的两个底面中的一个缩成一点，此时的棱柱变成了什么？

图 11.7 是我们生活中搭建的帆布帐篷、电影中看到的金字塔，它们都给我们带来棱的、锥的直观形象. 仔细观察，说出它们共同的结构特征.

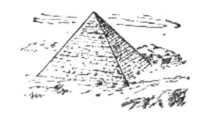

图 11.7

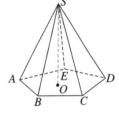

一般地,有一个面是多边形,其余各面是有一个公共顶点的三角形,由这些面所围成的几何体叫作棱锥,这个多边形叫作棱锥的底面,其余各面叫作棱锥的侧面,相邻侧面的公共边叫作棱锥的侧棱,各侧面的公共顶点叫作棱锥的顶点,顶点和底面之间的距离叫作棱锥的高.如图 11.8 中的棱锥,多边形 $ABCDE$ 是底面,$\triangle SBC$,$\triangle SAB$ 等是侧面,SB,SC 等是侧棱,S 是顶点,SO 是高.

图 11.8

棱锥有两种表示方法:一种可用顶点和底面各顶点的字母来表示,例如,棱锥 S-$ABCDE$;另一种可用顶点和底面一条对角线端点的字母来表示,例如,棱锥 S-AC.

棱锥如何分类呢?

按底面的边数分类:底面是三角形、四边形、五边形、…时,分别叫作三棱锥[图 11.9(1)]、四棱锥[图 11.9(2)]、五棱锥[图 11.9(3)]….

如果棱锥的底面是正多边形,并且过顶点向底面做垂线,垂足正好是底面的中心,这样的棱锥叫作正棱锥(图 11.10).

 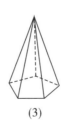 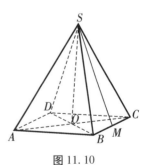

(1)　　　　　(2)　　　　　(3)

图 11.9

图 11.10

 思考:

正棱锥的各侧棱相等吗? 各侧面是全等的等腰三角形吗?

通过分析,我们容易知道:正棱锥的各侧棱相等,各侧面是全等的等腰三角形,那么,这些等腰三角形底边上的高相等.我们把各侧面等腰三角形底边上的高叫正棱锥的斜高(如图 11.10 中 SM,其中 M 是 BC 边的中点).

正四棱锥 S-$ABCD$(图 11.10)中,以点 S,O 以及 A,B,C,D,M 中任意一点为顶点的三角形是否是直角三角形? 用勾股定理表示 $\triangle SBO$ 中三条边的关系是_____.

例 11.1 已知正四棱锥 $V-ABCD$（图 11.11）底面面积为 16 cm^2，一条侧棱长为 $2\sqrt{11}$ cm，求棱锥的高和斜高.

解：设 VO 为正四棱锥 $V-ABCD$ 的高，作 $OM \perp BC$ 于点 M.

则 M 为 BC 中点.

联结 OB，则 $VO \perp OM, VO \perp OB$.

因为底面正方形 $ABCD$ 面积为 16 cm^2，

所以 $BC=4$ cm，$BM=CM=2$ cm，$OB=\sqrt{BM^2+OM^2}=\sqrt{2^2+2^2}=2\sqrt{2}$ cm.

又因为 $VB=2\sqrt{11}$ cm，在 Rt$\triangle VOB$ 中，由勾股定理可得：

$$VO=\sqrt{VB^2-OB^2}=\sqrt{(2\sqrt{11})^2-(2\sqrt{2})^2}=6 \text{ cm}.$$

在 Rt$\triangle VOM$ 中，由勾股定理可得：

$$VM=\sqrt{6^2+2^2}=2\sqrt{10} \text{ cm}.$$

答：正四棱锥的高为 6 cm，斜高为 $2\sqrt{10}$ cm.

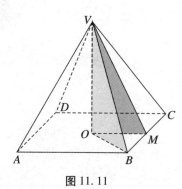

图 11.11

练习 11.3

1. 底面是正多边形的棱锥一定是正棱锥吗？

2. 如图所示的钻石是由什么样的多面体组合而成的？你也能用学过的简单多面体进行组合吗？

3. 已知一个正四棱锥底面的边长是 6 cm，高是 4 cm. 求它的侧棱长和斜高.

第 2 题图

由于正棱锥的侧棱都相等，底面是正多边形，所以侧面展开后，棱锥的底面各顶点都在半径等于侧棱长的同一个圆上，并且正多边形的边成为这个圆的弦. 在画出侧面展开图后，再画出表示底面的正多边形就得到正棱锥的表面展开图. 图 11.12 中的（2）就是正四棱锥（1）的表面展开图.

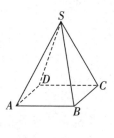

（1）

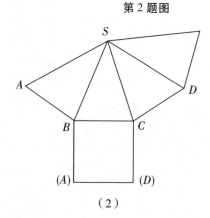

（2）

图 11.12

练习 11.4

1. 画底面边长为 1.5 cm, 侧棱长为 3 cm 的正三棱锥的表面展开图.
2. 把图中所给的平面图形按适当比例放大, 制作正四棱锥教具.

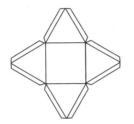 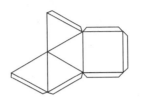

第 2 题图

[*]11.1.3 棱台

 用平行于棱锥底面的平面去截棱锥, 会得到怎样的几何体?

如图 11.13 所示, 截面以上的部分是我们学过的棱锥, 截面和底面间的部分我们把它叫作棱台, 截面叫作棱台的上底面, 原棱锥的底面叫作棱台的下底面, 其他各面叫作棱台的侧面, 相邻两侧面的公共边叫作棱台的侧棱, 上、下底面之间的距离叫作棱台的高. 如图 11.14 中的棱台, 多边形 $A'B'C'D'$、$ABCD$ 分别是上、下底面, 四边形 $B'C'CB$、$A'B'BA$ 等是侧面, $B'B$、$C'C$ 等是侧棱, $O'O$ 是高.

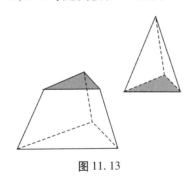

图 11.13

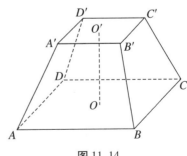

图 11.14

棱台可用上、下底面各顶点的字母来表示, 或用它的对角线端点字母表示. 如图 11.14 的棱台可表示为棱台 $ABCD–A'B'C'D'$ 或棱台 AC'.

由三棱锥、四棱锥、五棱锥…截得的棱台分别叫作三棱台、四棱台、五棱台….

由正棱锥截得的棱台叫作正棱台.

思考：

正棱台的各侧棱相等吗？各侧面是全等的等腰梯形吗？

分析可知：正棱台的各侧棱相等,各侧面是全等的等腰梯形,这些等腰梯形的高也相等. 我们把正棱台侧面等腰梯形的高叫正棱台的斜高. 如图 11.15,在正四棱台 $ABCD-A'B'C'D'$ 中,设两底面的中心分别是 O' 和 O,$B'C'$ 和 BC 的中点分别是 E' 和 E,则线段 $O'O$ 的长是棱台的高,则线段 $E'E$ 的长是棱台的斜高.

想一想　　在图 11.15 中,如果我们把线段 $O'E'$,OE 分别叫作上、下底面的边心距,线段 $O'B'$,OB 分别叫作上、下底面的外接圆半径,那么,梯形 $OEE'O'$ 是_____梯形,梯形 $OBB'O'$ 是_____梯形.

一般地,正棱台的两底面中心连线、相应的边心距和斜高组成一个直角梯形;两底面中心连线、侧棱和两底面相应的外接圆半径组成的也是一个直角梯形.

例 11.2　如图 11.15,已知正四棱台 $ABCD-A'B'C'D'$ 的高是 14 cm,两底面的边长分别是 4 cm 和 12 cm. 这个棱台的侧棱长和斜高是多少？

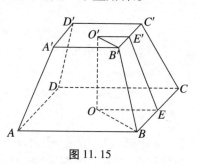

图 11.15

解：$\because$　$A'B'=4$ cm,　　　$AB=12$ cm.

$\therefore$　$O'E'=2$ cm,　　　$OE=6$ cm,

　　$O'B'=2\sqrt{2}$ cm,　　$OB=6\sqrt{2}$ cm.

$\therefore$　$B'B=\sqrt{14^2+(6\sqrt{2}-2\sqrt{2})^2}=2\sqrt{57}$（cm）.

　　$E'E=\sqrt{14^2+(6-2)^2}=2\sqrt{53}$（cm）.

答：这个棱台的侧棱长是 $2\sqrt{57}$ cm,斜高是 $2\sqrt{53}$ cm.

练习 11.5

1. 判断下列几何体是不是棱台,并说明为什么.

2. 在计算沙石土方时,常常把它堆积成棱台的形状；有些装饰品的底座也呈棱台状,找一找,生活中还有哪些物体呈棱台形状？

3. 下面是一个正四棱台的三视图,按照如图所示的尺寸,求经过相对的两条侧棱的截面面积.

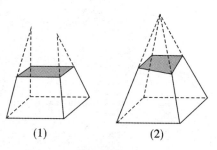

(1)　　　　　(2)

第 1 题图

正视图   左视图   俯视图

第 3 题图

*4. 如图,设 O,O' 正三棱台 ABC–$A'B'C'$ 的上、下底面的中心,上底面的边长为 2 cm,下底面的边长为 5 cm,侧棱长为 5 cm,求棱台的高.

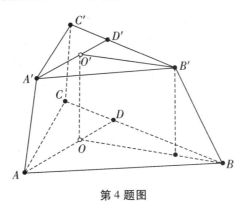

第 4 题图

由于正棱台是由正棱锥截得的,各侧面等腰梯形的两腰延长应相交于一点,因此上、下底面各顶点分别在同心的两个圆上,上、下底面正多边形的边分别是两个圆的弦,在画出侧面展开图后,再画出表示上、下底面的正多边形就得到正棱台的表面展开图. 图 11.16 中的(2)就是正四棱台(1)的表面展开图.

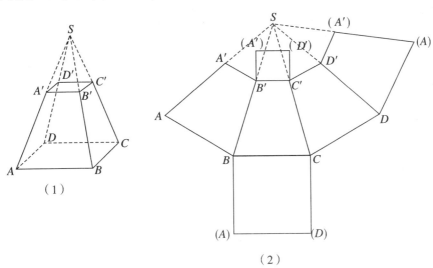

（1）   （2）

图 11.16

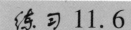

1. 自定尺寸，制作一个正四棱台模型.
2. 如图所示，制作一个小朋友喜欢的兔房玩具.

11.1.4　正多面体

围成一个多面体最少需要几个面？

第2题图

可以发现，围成一个多面体最少需要四个面. 按照面数可把多面体分类，如三棱锥、三棱柱、正方体…，又可分别叫作四面体、五面体、六面体….

如果把多面体的任何一个面伸展为平面，其他各面都在这个平面的同侧，这样的多面体叫作凸多面体（图 11.17）. 棱柱、棱锥和棱台都是凸多面体. 而图 11.18 所示的几何体就不是凸多面体.

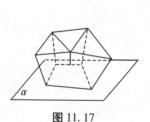

图 11.17

图 11.18

凸多面体中，有一类特殊的多面体，它们的每个面都是边数相同的正多边形，并且每个顶点上的棱数也相同，这样的凸多面体我们叫作正多面体.

在初中，我们已经知道，平面正多边形有无数种，如正三角形、正方形、正五边形、正六边形等. 但是正多面体有且只有五种：正四面体、正六面体、正八面体、正十二面体、正二十面体（图 11.19）.

   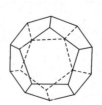 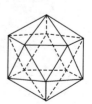

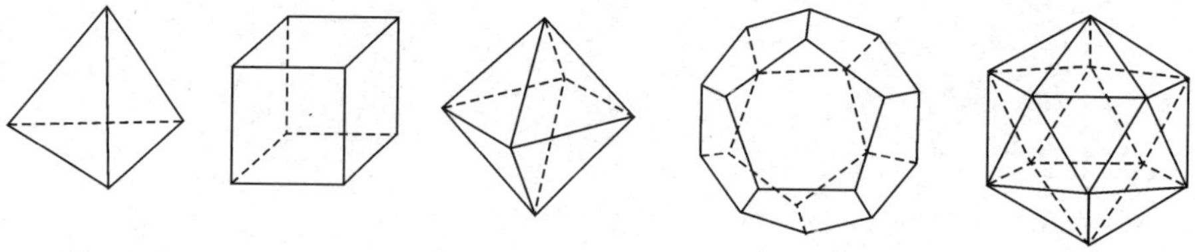

图 11.19

思考:

(1)正方体是正六面体吗?(2)正四棱柱是正六面体吗?(3)正三棱锥是正四面体吗?

观察图 11.19 中的正六面体发现,每个面有 4 条边,共有 $4×6=24$ 条边,每两条边合成一条棱,共有 12 条棱. 所以面数、边数、棱数的相互关系是:棱数的 2 倍＝面的边数×面数. 另外,正六面体每个顶点有 3 条棱,8 个顶点共有 $3×8=24$ 条棱,除去重复的(各棱重复计算一次)共有 12 条棱. 计算公式是:棱数的 2 倍＝顶点的棱数×顶点数.

根据图 11.19 中的正多面体填表 11.1.

表 11.1

	面数 F	顶点数 V	棱数 E	$V+F-E$
正四面体				
正六面体				
正八面体				
正十二面体				
正二十面体				

通过填表,你可以发现 $V+F-E=2$. 这个关系式对任何凸多面体都成立,它就是著名的欧拉公式.

由于正多面体精美的几何结构,常常被人们应用于各种工艺造型中(图 11.20).

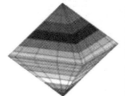

图 11.20

练习 11.7

1. 两个大小完全相同的正四面体可拼成一个六面体,这个六面体是不是正六面体?为什么?

2. 五种正多面体的表面展开图如下图. 把图中的表面展开图适当放大,制作正多面体模型. 想一想,这些模型还可以通过怎样的再加工,成为大家喜欢的工艺品或教具、学具?

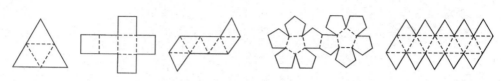

第 2 题图

3. 六位小朋友都想玩同一个玩具,他们找来了一个长方体盒子当骰子,六个面分别写上 1,2,3,4,5,6,每人选一个数,掷到谁的数字谁就玩. 这样公平吗? 你能为他们设计一种公平的骰子吗?

应用赏析

用卡纸制作精美的装饰品

11.2 旋转体的结构特征与模型制作

生活中有很多旋转体.如图 11.21,右边的环状物就可以看作是一个圆 L 绕着直线 l 旋转一周形成的曲面所围成的几何体,我们把直线 l 叫作这个旋转体的轴.

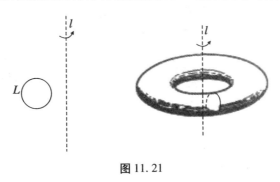

图 11.21

图 11.22 中的几何体都是旋转体,它们分别是由什么样的图形以怎样的直线为轴旋转一周形成的面所围成的? 你能对它们进行分类吗?

(1)　　　　　(2)　　　　　(3)　　　　　(4)

图 11.22

11.2.1 圆柱、圆锥、圆台

图 11.22 所示的几何体(1)(2)(3)分别叫作圆柱、圆锥和圆台.如果从运动变化的观点看,圆柱、圆锥、圆台可分别看作以矩形的一边、直角三角形的一条直角边、直角梯形中垂直于底边的腰所在的直线为旋转轴,其余的各边旋转一周形成的面所围成的几何体(图 11.23).其中,旋转轴叫作它们的轴,在轴上这条边的长度叫作它们的高,垂直于轴的边旋转而成的圆面叫作它们的底面,不垂直于轴的边旋转而成的曲面叫作它们的侧面,无论旋转到什么位置,这条边都叫作侧面的母线.如图 11.23 中,直线 $O'O,SO$ 是轴,线段是 $O'O,SO$ 是高,$B'B,SB$ 是侧面的母线.

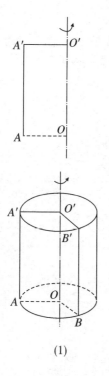  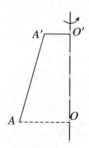

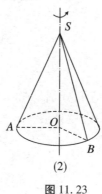 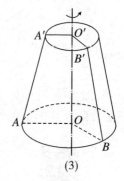

(1)　　　　　　　(2)　　　　　　　(3)

图 11.23

圆柱、圆锥、圆台可以用表示它们的轴的字母来表示，如圆柱 $O'O$、圆锥 SO、圆台 $O'O$.

用一个平面分别去截圆柱、圆锥、圆台.

（1）平行于底面的截面分别是什么样的图形？_____.

（2）过轴的截面（轴截面）分别是什么样的图形？_____.

圆台也可以看成是用一个平行于圆锥底面的平面去截，所得截面和圆锥底面之间的部分.

例 11.3　用一个平行于圆锥底面的平面截这个圆锥，截得的圆台上、下底面半径的比是 1∶4，母线长是 10 cm，求圆锥的母线长.

解：设圆锥的母线长为 y cm，圆台上、下底面半径分别是 x cm、

$4x$ cm（图 11.24），根据相似三角形的比例关系，得

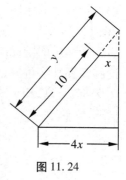

图 11.24

$$(y-10) : y = x : 4x.$$

也就是　　　　　　　　$4(y-10) = y,$

$$3y = 40,$$

所以　　　　　　　　　　$y = \frac{40}{3}.$

所以,圆锥侧面的母线长是 $\dfrac{40}{3}$ cm.

练习 11.8

1. 找一找,生活中还有哪些物体呈圆柱、圆锥、圆台形状.

第 1 题图

2. 根据下面水瓶的三视图,说明水瓶是由哪些简单的旋转体组合而成的?

正视图　　　　侧视图　　　　俯视图

第 2 题图

3. 把一个圆锥玩具改成圆台玩具. 已知圆锥的母线长为 20 cm,要使圆台玩具的下底面半径是上底面半径的 2 倍,圆台的母线长是多少?

4. 根据下列对于几何结构特征的描述,说出几何体的名称:

(1)由 7 个面围成,其中两个面平行且是全等的五边形,其他面都是全等的矩形;

(2)一个等腰三角形绕着底边上的高所在的直线旋转 180°形成的封闭曲面所围成的图形;

(3)如图,一个圆环面绕着过圆心的直线 l 旋转 180°形成的封闭曲面所围成的图形.

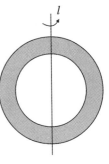

第 4 题(3)图

5. 你能自己动手设计生成一些旋转体吗(有条件的可到陶吧去尝试一下)?

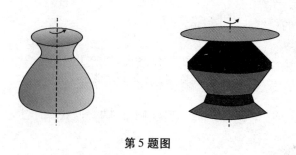

第 5 题图

如图 11.25,沿着圆柱、圆锥和圆台侧面的一条母线剪开,分别得到它们的侧面展开图.

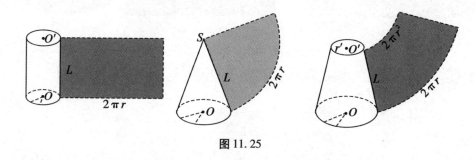

图 11.25

观察得,圆柱的侧面展开图是一个矩形. 这个矩形的一边长等于圆柱底面周长 $c = 2\pi r$,另一边长等于圆柱的侧面母线长 L;圆锥的侧面展开图是一个扇形. 这个扇形的弧长等于圆锥底面的周长 $c = 2\pi r$,扇形的半径为圆锥的侧面母线长 L.

说一说:圆台的侧面展开图是一个什么样的图形?

例 11.4 幼儿园要做一个底面半径为 10 cm,高为 $20\sqrt{2}$ cm 的圆锥教具,如果先在长方形的吹塑纸上画圆锥的侧面展开图[图 11.26(1)],为了节省材料,这个长方形的长、宽最少是多少才行?

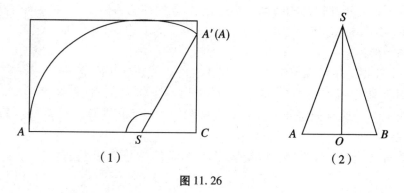

（1） （2）

图 11.26

解:如图 11.26(2),过圆锥的高 SO 作轴截面 SAB.

$\because$ $AO = 10$ cm, $SO = 20\sqrt{2}$ cm,

$\therefore$ $SA = = \sqrt{100+800} = 30$ (cm).

圆锥的侧面展开图是一个扇形,这个扇形的弧长等于圆锥的底面周长,半径等于圆锥侧面的母线长,设扇形的圆心角度数为 n,由弧长公式得

$$\overset{\frown}{AA'} = \frac{n\pi \cdot SA}{180}$$

$\because$ $\overset{\frown}{AA} = 2\pi \times 10$ (cm), $SA = 30$ (cm),

$\therefore$ $\frac{n\pi \times 30}{180} = 2\pi \times 10$

$\therefore$ $n = \frac{2\pi \times 10 \times 180}{\pi \times 30} = 120°$

在图 11.26(1)中看到,在 Rt$\triangle SA'C$ 中,$\angle SA'C = 30°$,

$$SC = \frac{1}{2}SA' = \frac{1}{2}SA = 15 \text{(cm)}. \quad AC = 30 + 15 = 45 \text{(cm)}.$$

所以长方形的宽最少要 30 cm,长最少要 45 cm.

练习 11.9

1. 观察下图,说出它们分别是哪种几何体的表面展开图.

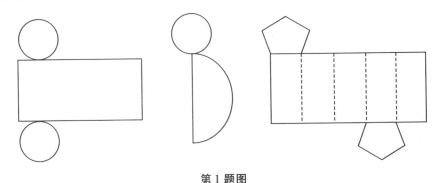

第 1 题图

2. 用一张 4 cm×12 cm 的矩形硬纸卷成圆柱的侧面. 求轴截面的面积(接头忽略不计).

3. 将半径为 60 cm 的薄铁圆板沿三条半径截成全等的三个扇形,做成三个圆锥筒(无底). 求圆锥筒的高是多少(不计接头)?

4. 做一个底面半径为 10 cm,母线长为 30 cm 的圆锥教具:

(1)求侧面展开图扇形的圆心角;

(2)画出圆锥的表面展开图(包括侧面和底面);

(3)成型并涂色.

5. 根据小朋友头部的大小,为小朋友做一个圆锥形的尖尖帽(可以任意装饰).

用生活中的废旧材料制作玩、教具

11.2.2　球

球是我们非常熟悉的几何体. 球面可看作一个半圆以它的直径所在的直线为旋转轴旋转一周所形成的曲面(图 11.27). 球面围成的几何体叫作球.

形成球的半圆的圆心叫作球心. 联结球心和球面上任意一点的线段叫作球的半径. 联结球面上任意两点并且经过球心的线段叫作球的直径, 如图 11.28 的球中, 点 O 是球心, 线段 OC 是球的半径, 线段 AB 是球的直径.

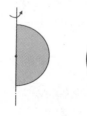

图 11.27

图 11.28

球用球心的字母来表示, 例如球 O.

如图 11.29, 用一个平面去截球, 截面是圆面. 球的截面有两条性质:

(1) 球心和截面圆心的连线垂直于截面.

(2) 球心到截面的距离 d 与球的半径 R 及截面的半径 r,

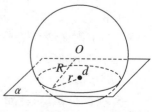

图 11.29

有下面的关系：$r=\sqrt{R^2-d^2}$.

例 11.5 用一个平面截半径为 25 cm 的球，截面面积是 49π cm²，求球心到截面的距离.

解：如图 11.29，由题意，$R=25$ cm，

因为 $\pi r^2=49\pi$，$r=7$ cm，

所以 $d=\sqrt{R^2-r^2}=\sqrt{25^2-7^2}=24$（cm）.

如果截面经过球心，那么截面与球面的交线叫作大圆，如果截面不经过球心，那么截面与球面的交线叫作小圆. 把地球近似地看成球，赤道就是大圆，纬线就是与赤道平行的小圆（图 11.30）.

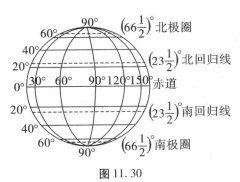

图 11.30

球面上两点间的最短距离，是经过这两点的大圆被这两点所分成的两段弧中劣弧的长度. 在航行时，飞机、轮船都尽可能按最短路线行进.

练习 11.10

1. 连接球面上任意两点的线段都是球的直径吗？

2. 一条直线被一个半径为 5 的球面截得的线段长为 8，求球心到直线的距离.

3. 已知地球半径约 6 370 km，某人住在北纬 60°纬线上的一个地方，如果他躺在床上不动，求他随地球自转一天移动多少千米.

4. 设地球的球心为 O，把 A，B 两城市近似地看成两个点，已知 OA 与 OB 的夹角为 90°，求从 A 到 B 至少要行多少千米.

知识链接

中心投影与平行投影

一般地，用光线照射物体，在某个平面（比如地面、墙壁）上得到的影子叫物体的投影，照射光线叫投影线，投影所在的平面叫投影面. 投影现象在生活中非

常普遍.

　　由点光源发出的光线形成的投影是中心投影(比如灯泡). 由于中心投影形成的直观图能非常逼真地反映原来的物体,因此主要用于绘画领域等.

　　由平行光线形成的投影叫作平行投影(太阳光线近似平行). 在平行投影中,由于投射线相互平行,若平行移动形体使形体与投影面的距离发生变化,形体的投影形状和大小均不会改变,具有度量性. 主要用于工程制图和技术图样. 根据投射线与投影面的关系,平行投影法又分为正投影法和斜投影法.

　　正投影法——投射线相互平行且与投影面垂直的投影法. 如图 (a) 所示.

　　斜投影法——投射线相互平行且与投影面不垂直的投影法. 如图 (b) 所示.

　　我们可以用平行投影的方法画出空间图形的三视图和直观图.

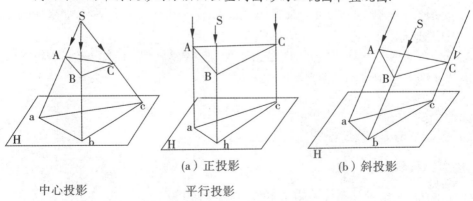

中心投影　　　　平行投影　　　(a) 正投影　　　(b) 斜投影

11.3 多面体与旋转体的直观图

我们认识几何体,可以通过实物观察、触摸,更多的是凭借书、黑板、报刊的展现.画在纸上、黑板上的立体图形,虽然不是它的真实形状,但立体感很强,你一看就能认出它是哪种物体.

一般地,我们把这种表示空间图形的平面图形叫作空间图形的直观图.如何画棱(圆)柱、棱(圆)锥、棱(圆)台、球的直观图呢?本节,我们主要介绍斜二测画法和正等测画法,两种画法依据的都是平行投影原理(平行投影的性质可上网查阅).

11.3.1　直棱柱、正棱锥、正棱台的直观图

在画棱柱、棱锥、棱台的直观图时,我们常把它的一个底面水平放置,所以我们要先学会画水平放置的平面图形的直观图.下面是斜二测画法画水平放置平面图形的直观图的画法规则:

(1)在原图中建立适当的直角坐标系 xOy,画直观图时,再建立一个对应的新坐标系 $x'O'y'$,并且使 $\angle x'O'y'=45°$(或 135°);

(2)在原图中平行于 x 轴、y 轴的线段,在直观图中分别画成平行于 x' 轴、y' 轴的线段;

(3)在原图中平行于 x 轴的线段长度,在直观图中保持不变;在原图中平行于 y 轴的线段长度,在直观图中为原来的 $\frac{1}{2}$.

例 11.6　用斜二测画法画水平放置的正六边形的直观图(图 11.31).

画法:(1)在已知正六边形 $ABCDEF$ 中,取对角线 AD 所在的直线为 x 轴,取对称轴 GH 所在直线为 y 轴.画对应的 x' 轴、y' 轴,使 $\angle x'O'y'=45°$.

(2)以点 O' 为中心,在 x' 轴上取 $A'D'=AD$,在 y' 轴上取 $G'H'=\frac{1}{2}GH$.以点 H' 为中点画 $F'E'$ 平行于 x' 轴,并使 $F'E'=FE$;再以 G' 为中点画 $B'C'$ 平行于 x' 轴,并使 $B'C'=BC$.

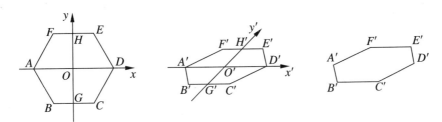

图 11.31

(3)联结 $A'B'$,$C'D'$,$D'E'$,$F'A'$.所得六边形 $A'B'C'D'E'F'$ 就是正六边形 $ABCDEF$ 的直观图.

注意:图画好后,要擦去辅助线(包括 x' 轴、y' 轴及为画图添加的线).

练习 11.11

1. 用斜二测画法分别画一个水平放置的正方形、平行四边形、等边三角形的直观图（原图大小自己确定）.

2. 利用斜二测画法得到的:

①三角形的直观图是三角形;

②平行四边形的直观图是平行四边形;

③正方形的直观图是正方形;

④菱形的直观图是菱形.

以上结论,正确的是(　　　)

A. ①②　　　　　　B. ①　　　　　　C. ③④　　　　　　D. ①②③④

3. 判断下列结论是否正确,正确的在括号内画"√",错误的画"×".

(1)相等的角在直观图中对应的角仍然相等. (　　　)

(2)长度相等线段在直观图中对应的线段长度仍然相等. (　　　)

(3)互相平行的线段在直观图中对应的线段仍然互相平行. (　　　)

(4)线段的中点在直观图中仍然是对应线段的中点. (　　　)

用斜二测画法画立体图形的直观图的画法规则如下:

(1)在原图形中,作互相垂直的轴 Ox, Oy, Oz, 使 $\angle xOz = 90°$, 且 $\angle yOz = 90°$. 画直观图时,把它们画成对应的轴 $O'x'$, $O'y'$, $O'z'$, 使 $\angle x'O'y' = 45°$（或 $135°$）, $\angle x'O'z' = 90°$, $x'O'y'$ 所确定的平面表示水平平面;

(2)已知图形中平行于 x 轴、y 轴或 z 轴的线段,在直观图中分别画成平行于 x' 轴、y' 轴或 z' 轴的线段;

(3)已知图形中平行于 x 轴和 z 轴的线段,在直观图中保持原长度不变;平行于 y 轴的线段,长度为原来的一半.

例 11.7　用斜二测画法画长、宽、高分别是 4 cm, 3 cm, 2 cm 的长方体 $ABCD - A'B'C'D'$ 的直观图（图 11.32）.

画法:(1)画轴. 画 x' 轴、y' 轴、z' 轴,三轴相交于一点 O', 使 $\angle x'O'y' = 45°$, $\angle x'O'z' = 90°$.

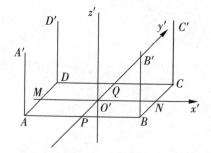
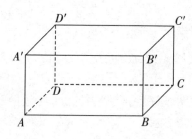

图 11.32

（2）画底面. 以点 O' 为中点，在 x' 轴上取线段 MN，使 $MN=4$ cm；在 y' 轴上取线段 PQ，使 $PQ=\dfrac{3}{2}$ cm. 分别过点 M 和 N 作 y' 轴的平行线，过点 P 和 Q 作 x' 轴的平行线，设它们的交点分别是 A,B,C,D，四边形 $ABCD$ 就是长方体的底面.

（3）画侧棱. 过 A,B,C,D 各点分别作 z' 轴的平行线，并在这些平行线上分别截取2 cm 长的线段 AA',BB',CC',DD'.

（4）成图. 顺次联结得四边形 $A'B'C'D'$，并加以整理（去掉辅助线，将被遮挡的部分改为虚线），就得到长方体的直观图.

试一试:画正四棱柱、正四棱锥（自定尺寸）的直观图.

例 11.8 用斜二测画法画一个上、下底面边长分别为 2 cm，4 cm，高为 3 cm 的正四棱台的直观图（图 11.33）.

画法:（1）画轴. 画 x' 轴、y' 轴、z' 轴，三轴相交于一点 O'，使 $\angle x'O'y'=45°$，$\angle x'O'z'=90°$.

（2）画下底面. 以 O' 为中心，按 x' 轴、y' 轴画边长为 4 cm 的正四棱台下底面的直观图 $ABCD$.

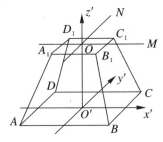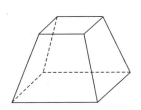

图 11.33

（3）画上底面. 在 z' 轴上取线段 $O'O=3$ cm，过 O 画 OM,ON 分别平行于 $O'x',O'y'$，在以 O 为中心，按 OM,ON 轴画边长为 2 cm 的正四棱台上底面的直观图 $A_1B_1C_1D_1$.

（4）成图. 联结 AA_1,BB_1,CC_1,DD_1，并加以整理，就得到正四棱台的直观图.

练习 11.12

1. 你知道下面正三棱柱、正四棱锥、正四棱台的直观图中哪些地方画错了吗？把错的地方改过来.

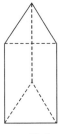
正三棱柱

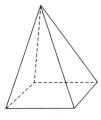
正四棱锥

正四棱台

第 1 题图

2. 用斜二测画法画出(不写画法):

(1) 长、宽、高分别是 5 cm,4 cm,3 cm 的长方体直观图;

(2) 底面边长为 2 cm,高为 4 cm 的正三棱柱的直观图;

(3) 底面边长为 2 cm,高为 4 cm 的正六棱锥的直观图.

11.3.2 圆柱、圆锥、圆台、球的直观图

圆柱、圆锥、圆台的底面都是圆. 画带有圆的几何体的直观图,一般不用斜二测画法,而采用正等测画法. 在画圆柱、圆锥、圆台的直观图时,我们常把它的一个底面水平放置,所以我们要先学会画水平放置的圆的直观图. 用正等测画法画水平放置的圆的直观图画法规则如下:

(1) 在已知图形 $\odot O$ 中作互相垂直的轴 Ox,Oy. 画直观图时,把它们画成对应的轴 $O'x'$,$O'y'$,使 $\angle x'O'y' = 120°$ (或 $60°$). 它们确定的平面表示水平平面.

(2) 已知图形中平行于 x 轴或 y 轴的线段,在直观图中,分别画成平行于 x' 轴或 y' 轴的线段.

(3) 已知图形中平行于 x 轴或 y 轴的线段,在直观图中长度都不变.

用上述方法可以得到水平放置的圆的直观图,它是一个椭圆. 由于这种画法比较麻烦,所以在实际画圆的直观图时,可使用椭圆模板(图 11.34).

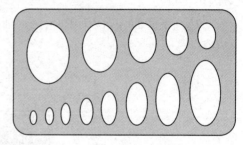

图 11.34

除此以外,还可采用椭圆的近似画法. 其具体步骤是:

(1) 如图 11.35,画轴 $O'x'$,$O'y'$,使 $\angle x'O'y' = 120°$,在 x' 轴上取 $O'A' = O'B'$,在 y' 轴上取 $O'C' = O'D'$,它们都等于圆的半径. 过点 A',B' 分别作直线平行于 y' 轴,过点 C',D' 分别作直线平行于 x' 轴,两组平行线相交得菱形 $E'F'G'H'$.

(2) 联结 $A'H'$,$D'F'$,相交于点 M,联结 $B'F'$,$C'H'$,相交于点 N.

(3) 分别以 F',H' 为圆心,$F'B'$ 为半径画弧,再分别以 M,N 为圆心,MA' 为半径画弧,四条弧连接就得到近似椭圆.

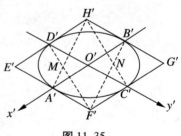

图 11.35

练习 11.13

用椭圆的近似画法,画半径为 2 cm 的水平放置的圆的直观图.

用正等测画法画圆柱、圆锥、圆台的直观图时,先用上节介绍的方法画出底面,其余部分的画法,与直棱柱、正棱锥、正棱台的直观图画法相似.

例 11. 9 一个圆锥的底面半径是 1.6 cm,在它的内部有一个底面半径为 0.7 cm,高为 2.5 cm 的内接圆柱(注:圆柱的下底在圆锥的底面上,上底的圆周在圆锥的侧面上).画出它们的直观图.

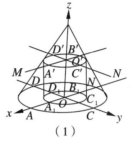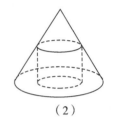

图 11.36

画法:(1)画轴. 如图 11.36(1),画 x 轴、y 轴、z 轴,使它们两两相交成 120°.

(2)画底面. 以 O 为中心,以 x 轴、y 轴画半径等于 1.6 cm 的圆的直观图.

(3)画内接圆柱. 再以 O 为中心,按 x 轴、y 轴画半径等于 0.7 cm 的圆的直观图,然后在 z 轴上,取线段 $OO'=2.5$ cm,过 O' 作 $O'M /\!/ x$ 轴,$O'N /\!/ y$ 轴,再以 O' 为中心,按 $O'M$ 轴、$O'N$ 轴画一个半径相同的圆的直观图. 画圆柱的两条母线,使它们与这两个椭圆相切.

(4)成图. 画圆锥的两条母线与椭圆 $A_1C_1B_1$ 和 $A'C'B'$ 相切,再加以整理,就得到所要画的直观图[图 11.36(2)].

练习 11.14

1. 如下图是一个几何体的三视图,用正等测画法画出它的直观图.

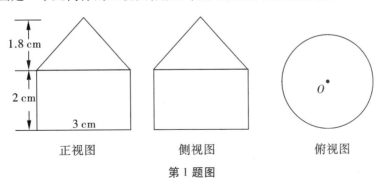

正视图   侧视图   俯视图

第 1 题图

2. 画一个上底面半径是 1.5 cm,下底面半径是 2.5 cm,高是 3 cm 的圆台的直观图.

球的直观图,一般采用正等测画法,这时球的轮廓是一个圆.

例 11.10 画半径为 R 的球的直观图.

画法:(1)画轴. 过点 O 画 x 轴、y 轴、z 轴,使它们两两相交成 120°的角(图 11.37).

(2)画大圆. 以 O 为中心,分别按 x 轴、y 轴,y 轴、z 轴,z 轴、x 轴画半径为 R 的圆的直观图(三个椭圆).

(3)成图. 以点 O 为圆心画一个圆与三个椭圆都相切. 最后经过整理,就得到球的直观图.

在实际操作中,球的直观图还可以采取如图 11.38 的简易画法:画一个表示球的轮廓线⊙O,在⊙O 中再画一个或两个表示大圆的椭圆.

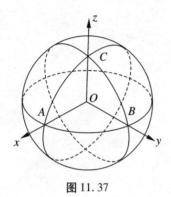

图 11.37

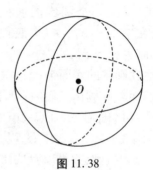

图 11.38

练习 11.15

画半径为 2 cm 的球的直观图.

11.4 多面体和旋转体的表面积与体积

11.4.1 表面积

分别画出直棱柱、正棱锥、正棱台的表面展开图. 想一想,它们的侧面面积怎样求?

(1)直棱柱的侧面积 由于直棱柱的侧面展开图是矩形,这个矩形的一边长等于直棱柱底面周长 c,另一边长等于直棱柱的高 h,由此我们得到

$$S_{直棱柱侧面积} = ch$$

(2)正棱锥的侧面积 设正 n 棱锥的底面边长为 a,周长为 c,斜高为 h',则侧面展开图的面积等于 $n \cdot \frac{1}{2}ah' = \frac{1}{2}ch'$. 由此得到

$$S_{正棱锥侧面积} = \frac{1}{2}ch'$$

(3)正棱台的侧面积 设正棱台上、下底面周长是 c',c,斜高为 h',侧面的面积等于

各侧面等腰梯形面积的和,可以推出

$$S_{正棱台侧面积} = \frac{1}{2}(c+c')h'$$

棱柱、棱锥、棱台的表面积或全面积等于其侧面积与底面积之和.

例 11.11 如图 11.39 所示,粉碎机的下料斗是正四棱台形状(没有上、下底面),它的两底面边长分别是 80 mm 和 440 mm,高是 200 mm. 计算制造这样一个下料斗所需铁板的面积(保留两位有效数字).

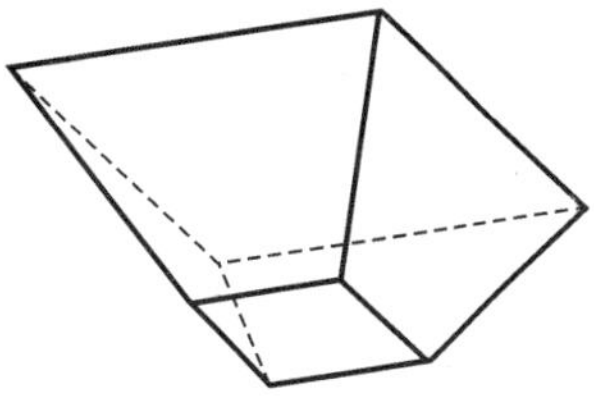

图 11.39

解:上底面周长 $c' = 4 \times 80 = 320$(mm),

下底面周长 $c = 4 \times 440 = 1\ 760$(mm),

斜高 $h' = \sqrt{200^2 + \left(\frac{440-80}{2}\right)^2}$

≈ 269(mm),

$\therefore S_{正棱台侧} = \frac{1}{2}(c+c')h'$

$= \frac{1}{2}(320+1\ 760) \times 269$

$\approx 2.8 \times 10^5$(mm^2).

答:制造这样一个下料斗需要铁板约 2.8×10^5 mm^2.

练习 11.16

1. 小朋友的积木玩具中有一个正六棱柱,高为 6 cm,底面边长为 2 cm,现要把它成红色,涂的面积有多大.

2. 一个正三棱台教具,两底面的边长分别等于 8 cm 和 18 cm,侧棱长等于 13 cm,求它的侧面积.

分别画出圆柱、圆锥、圆台的侧面展开图. 想一想,它们的侧面面积怎样求?

(4)圆柱的侧面积 圆柱的侧面展开图是一个矩形. 这个矩形的一边长等于圆柱底面周长 $c = 2\pi r$,另一边长等于圆柱的侧面母线长 L,所以圆柱的侧面积计算公式是

$$S_{圆柱侧面积} = cL = 2\pi rL$$

(5)圆锥的侧面积 圆锥的侧面展开图是一个扇形. 这个扇形的弧长等于圆锥底面的周长 $c = 2\pi r$,扇形的半径为圆锥的侧面母线长 L,所以圆锥的侧面积计算公式是

$$S_{圆锥侧面积} = \frac{1}{2}cL = \pi rL$$

(6)圆台的侧面积 圆台的侧面展开图是一个扇环,能够推出圆台的侧面积计算公式是

$$S_{圆台侧面积} = \frac{1}{2}(c+c')L = \pi(r+r')L$$

圆柱、圆锥、圆台的表面积或全面积等于其侧面积与底面积之和.

(7)球的表面积 半径为 R 的球的表面积计算公式(推导方法可上网查阅)是

$$S_{球表面积} = 4\pi R^2$$

 对比棱柱与圆柱、棱锥与圆锥、棱台与圆台的侧面积公式,你发现了什么共同点?

练习 11.17

1. 如图,要给下面的模型外表涂上颜色,已知圆柱高 10 cm,底面半径 4 cm,圆锥高 3 cm,涂的面积有多大?

2. 如图,已知圆柱的底面直径与高都等于球的直径. 求证:

(1)球的表面积等于圆柱的侧面积;

(2)球的表面积等于圆柱全面积的 $\dfrac{2}{3}$.

第1题图

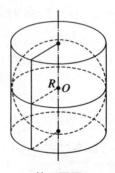

第2题图

3. 一个直角梯形的上、下底和高的比为 $1:2:\sqrt{3}$,求它以垂直于底边的腰所在直线为轴旋转而成的圆台的上底面积、下底面积和侧面积的比.

11.4.2 体积

我国古代著名的数学家祖冲之(429—500)在计算圆周率等问题方面有光辉的成就. 祖冲之的儿子祖暅也在数学上有突出贡献. 祖暅在实践的基础上,于 5 世纪末提出了下面的体积计算原理.

祖暅原理:夹在两个平行平面间的两个几何体,被平行于这两个平面的任何平面所截,如果截得的两个截面面积总相等,那么这两个几何体的体积相等(图 11.40).

例如,取一摞纸张堆放在桌面上,将它们如图 11.41 中的那样改变一下形状,这时高度没有变,每页纸的面积也没有改变,因而这摞纸的体积与变形前相等.

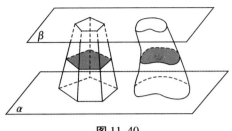

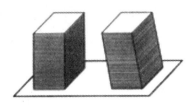

图 11.40   图 11.41

利用祖暅原理我们可以推出柱、锥、台等几何体的体积公式.

（1）棱（圆）柱的体积公式　设有底面积都等于 s，高都等于 h 的任意一个棱柱、一个圆柱和一个长方体，使它们的下底面在同一平面 α 内，因为它们的上底面和下底面平行，且高都相等（图 11.42），所以，它们的上底面都在与平面 α 平行的另一个平面内. 根据柱体的性质和祖暅原理，可知它们的体积相等.

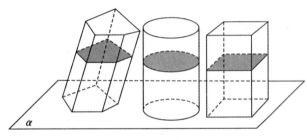

图 11.42

由于长方体的体积等于它的底面积 s 乘以高 h，于是我们得到底面积等于 s，高等于 h 的棱（圆）柱的体积公式为

$$V_{柱体} = sh$$

（2）棱（圆）锥的体积公式　根据祖暅原理可以推出：如图 11.43，等底面积等高的两个锥体（棱锥或圆锥）的体积相等.

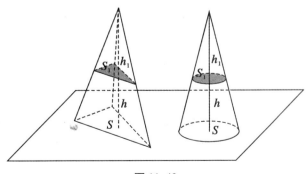

图 11.43

做一做：分别做一个等底面积、等高的柱体（圆柱或棱柱）和锥体（圆锥或棱锥），用沙

子或水装满锥体,然后倒入柱体,如此重复,几次可以装满柱体?

试验可知,三次正好装满.这说明:底面积为 s,高为 h 的锥体体积,等于和它等底面积、等高的柱体体积的 $\frac{1}{3}$.因此,底面积等于 s,高等于 h 的棱(圆)锥体积公式为

$$V_{锥体} = \frac{1}{3}sh$$

由于棱台、圆台分别是棱锥、圆锥用平行于底面的截面截去一个锥体得到,所以台体的体积可用两个锥体的体积差来计算.

(3)球的体积公式 半径为 R 的球的体积计算公式(推导方法可上网查阅)是

$$V_{球} = \frac{4}{3}\pi R^3$$

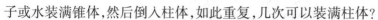
练习 11.18

1. 如图,已知正方体的棱长为 a,截去一个三棱锥 $A-BCD$ 后,剩下几何体的体积是多少?

2. 如图,已知圆柱的底面直径与高都等于球的直径.求证:球的体积等于圆柱体积的 $\frac{2}{3}$.

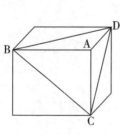
第 1 题图

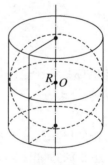
第 2 题图

3. 填空:

(1)球的半径扩大到原来的 2 倍时,球面面积扩大到原来的_____倍;

(2)球的半径扩大到原来的 2 倍时,球的体积扩大到原来的_____倍;

(3)球的体积扩大到原来的 27 倍时,球面面积扩大到原来的_____倍.

4. 某幼儿园小班有 20 个小朋友,他们用的茶杯呈圆柱形,底面直径 6 cm,高 6 cm.求 10 L 的纯净水大约够小朋友们平均每人喝几杯?（1 L＝1 000 mL,1 mL＝1 cm³）

本章小结

一、知识结构

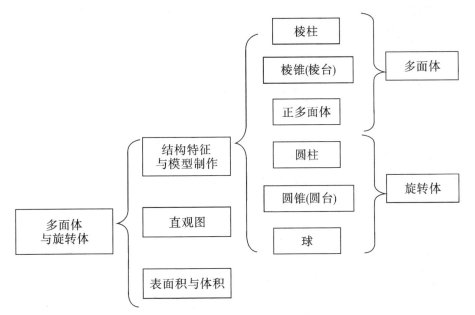

二、知识回顾与方法总结

1. 我们的身边,存在着各式各样的物体,它们大多是由具有柱、锥、台、球等形状的物体组成的. 认识和把握它们的几何结构特征,是我们认识空间几何体的基础. 本章接触到的空间几何体是单一的柱体、锥体、台体、球体,或者是它们简单的组合体. 你能说出身边较复杂的几何体的结构吗?

2. 为了研究空间几何体,也为了我们今后教学与学习的需要,本章介绍了两种直观图的画法:斜二测画法和正等测画法. 画图时,可以根据需要任选一种. 画多面体时,常用斜二测画法,画旋转体时,常用正等测画法. 你能回忆起用正等测画法、斜二测画法画空间几何体的基本步骤吗? 在这里需要说明的是,有时为了简便,在不作严格要求时,画图时长度和角度可适当地选取,只要符合平行投影的要求,有一定的立体感就可以了.

3. 这一章我们还研究了柱、锥、台、正多面体的表面展开图,通过展开图我们不仅可以求出它们的表面积,而且还可以利用它设计制作几何体模型,从而培养我们的几何直观能力、空间想象力、做教具模型的动手能力. 你有这方面的感受吗? 你还能回忆起这些展开图的形状和画法吗?

4. 柱、锥、台、球的表面积和体积,在我们的生活和生产实践中,有着广泛的应用,你能说出它们的计算公式并指出各个字母的意义吗? 此外,你能对比这些公式,说出它们之间的联系以及相似之处和不同之处吗?

练一练

1. 如图,底面是菱形的直棱柱,对角线 $B'D$ 和 $A'C$ 的长分别是 9 cm 和 15 cm,侧棱 AA'的长是 5 cm. 求底面边长.

2. 已知正方体的一条对角线长等于 a,求它的棱长.

3. 给出两块面积相同的正方形纸片,请用其中一块剪拼成一个正四棱锥模型,另一块剪拼成一个正四棱柱模型,使它们的全面积都与原正方形的面积相等.

本章练习参考答案

练习 11.1

1. 只有第三个图形是棱柱,其余的图形都不是棱柱.

2. 剩下的几何体是直五棱柱;截去的是直三棱柱.

3. 如答案图 1 所示.

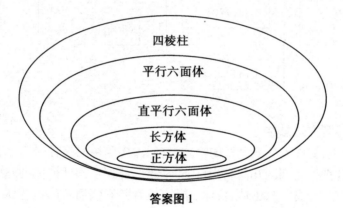

答案图 1

4. (1)不一定;(2)不一定.

练习 11.2

1. (1)(2)(4)(6)是.

2. 正四棱柱;斜三棱柱;正六棱柱.

3. (略).

4. (略).

练习 11.3

1. 不一定;原因:过顶点向底面做垂线,垂足不一定是底面的中心.

2. 正棱柱和正棱锥.

3. 斜高 $= 5$ cm;侧棱长 $= \sqrt{34}$ cm.

练习 11.4

1. (略).

2. (略).

练习 11.5

1. 两个图形都不是棱台;原因:图(1)的侧棱没有相交于一点;图(2)的上、下底面不平行.

2. (略).

3. $s = 5\sqrt{2} \ \text{cm}^2$.

4. 高 $O'O = \sqrt{22} \ \text{cm}$.

练习 11.6

(略).

练习 11.7

1. 不是. 如答案图 2,虽然每个面都是正三角形,但 S 顶点处是三条棱,顶点 C 处是 4 条棱,各顶点处棱数不相同.

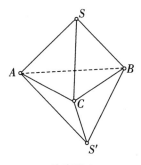

答案图 2

2. (略).

3. 例如,正方体形状的骰子比较公平.

练习 11.8

1. (略).

2. 从上到下依次是圆柱、圆台、圆柱.

3. 10 cm.

4. 直五棱柱、圆锥、空心球.

5. (略).

练习 11.9

1. 分别是圆柱、圆锥、正五棱柱.

2. $S_{\text{轴截面}} = \dfrac{48}{\pi} \ \text{cm}^2$.

3. 高 $h = 40\sqrt{2} \ \text{cm}$.

4. (1)扇形的圆心角为 $120°$;(2)(略);(3)(略).

5. (略).

练习 11.10

1. 不一定,直径必须过球心.

2. $d=3$.

3. 6 370πkm.

4. 3 185πkm.

练习 11.11

1. （略）.

2. A.

3. （1）×；（2）×；（3）√；（4）√.

练习 11.12

1. 正三棱锥直观图的底面不应是正三角形，另外上面三角形应都是实线；正四棱锥水平放置时，它的顶点应在过正四边形中心的铅垂线上，显然此图不是；正四棱台直观图底面应是夹角为 45°或 135°的平行四边形，显然此图为矩形.

2. （略）.

练习 11.13

（略）.

练习 11.14

1. 如答案图 3 所示。

2. （略）.

练习 11.15

（略）.

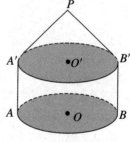

答案图 3

练习 11.16

1. $72+12\sqrt{3}$ cm^2.

2. 468 cm^2.

练习 11.17

1. 116π cm^2.

2. 证明：（1）∵$S_{球}=4\pi R^2$，$S_{圆柱侧}=2\pi R \cdot 2R=4\pi R^2$.

　　　　∴　$S_{球}=S_{圆柱侧}$.

　　（2）∵$S_{球}=4\pi R^2$，$S_{圆柱全}=S_{圆柱侧}+2S_{底}=4\pi R^2+2\pi R^2=6\pi R^2$，

　　　　∴　$S_{球}=\dfrac{2}{3}S_{圆柱全}$.

3. 1：4：6.

练习 11.18

1. $\dfrac{5}{6}a^3$.

2. 证明：∵$V_{球}=\dfrac{4}{3}\pi R^3$，$V_{柱}==sh=\pi R^2\times 2R=2\pi R^3$，

　　　　∴　$V_{球}=\dfrac{2}{3}V_{柱}$.

3. （1）4；（2）8；（3）9.

4. 大约每人 3 杯.

练一练

1. $AC = 10\sqrt{2}$ cm, $BD = 2\sqrt{14}$ cm, $AB = 8$ cm.

2. $\dfrac{\sqrt{3}}{3}a$.

3. 如答案图 4, 沿正方形四条边的中点连线折起, 可拼得一个正四棱锥. 如答案图 5, 在原正方形四个角上剪出四个相同的小正方形, 小正方形的边长为原正方形边长的 $\dfrac{1}{4}$. 余下部分按虚线折起, 可成为一个缺上底的正四棱柱, 而剪出的四个相同的小正方形恰好拼成这个正四棱柱的上底.

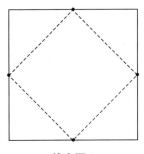

答案图 4

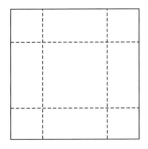

答案图 5